THE
FOREVER DOG LIFE

THE
FOREVER DOG

《永远的爱犬》作者
卡伦·肖·贝克尔和罗德尼·哈比卜
再度联手创作

THE
FOREVER DOG

LFE

Dr.Karen Shaw Becker
& Rodney Habib

爱犬长寿密码

[美] 卡伦·肖·贝克尔 [美] 罗德尼·哈比卜 著 木木 译

中信出版集团|北京

　　致我们的妈妈，珍妮和莎莉，以及全世界关爱小动物的妈妈们——她们希望孩子与心爱的宠物一起成长，共同见证改变生活的力量；她们把宠物当作重要的家庭成员，孩子也因此变得更加善良、有爱心。谢谢你们的养育和照顾，因为有你们，我们才认识到健康的食物都是用爱心做出来的。

目录

作者声明

这本书和我们的上一本书《永远的爱犬》一样，引用了大量科学研究、一手资料、数据信息和其他资源。其中一些研究是以人类为受试者，但宠物和人类消化道的进化几乎是同步的，所以对人类有益的东西（除了那些特别注明宠物禁食的东西）很可能对宠物也有益。

本书收录了120多种营养食谱和清洁用品配方，还有日常护理指南（大部分也适用于猫），根据书中指引去做，可以让你的爱犬（爱猫）活得更健康、更长寿、更开心。为了让大家更深入地理解内容和图片，我们把对均衡膳食的营养分析以及所有的引用文献和参考资料都放在了本书网站 www.foreverdog.com 上。和《永远的爱犬》一样，这本书的文献和资料也会实时更新。随着科学研究的不断发展，数据也在发生变化，但你的阅读体验不会受到影响。我们希望你能一直坚持学习科学养育、照顾、呵护你的爱犬（爱猫），和他们永远快乐相伴。

康奎罗斯： 波比的幸福家园

引言

2023 年 1 月，我们听说有只狗狗活到了 20 多岁，甚至可能超过 30 岁。这只长寿狗名叫波比（Bobi），来自葡萄牙中部的小村庄康奎罗斯（Conqueiros），是雄性阿兰多獒犬，有着棕白相间的软毛，体型中等。

我们立即决定联系他的主人。卡伦在网上发帖说，如果有人知道关于波比的信息，请和我们联系。几分钟内，我们收到了上百条回复，一小时内，这篇帖子被标记了数千次。

几天后，罗德尼的手机收到一条信息："罗德尼你好，我是莱昂内尔，你想来葡萄牙见见波比吗？"

我们马上订了机票，飞往葡萄牙。波比和他的主人莱昂内尔·科斯塔一家生活在莱里亚区的康奎罗斯村，他们住的房子前面有个大花园，后院养了很多兔子和鸡。莱昂内尔家吃的大部分食物都是自己种的，包括卷心菜、土豆、西红柿、生菜、黄瓜、欧芹和香菜。他们每周都会去当地的农贸市场买新鲜的鱼。波比的饭大部分是主人亲手做的，也有主人吃剩下的适合狗狗的健康食物，包括烤金头鲷，煮熟的胡萝卜、西蓝花、土豆（撒上盐），还有叫作 canja（葡萄牙语）的浓鸡汤，以及小块的葡萄牙玉米面包。莱昂内尔会在面包上抹点橄榄油，方便波比吞咽。

波比的饮食让我们想起了几年前遇到的一只小型混血狗达西（Darcy），那年他 21 岁，也是一只长寿狗。他的主人从他 7 岁起就自制食物给他吃，日常饮食通常包括新鲜三文鱼、青口贝、姜黄和一点苹果醋。我们还想起了麦琪（Maggie），她是一只来自澳大利亚的卡尔皮犬，据报道，她活到了 30 岁，于 2016 年去世。她一直喝农场的生鲜奶，吃的是牛尾和主人吃剩下的健康食品。这些动物的饮食有一个共同点：人食级别、新鲜、色彩缤纷、营养丰富。这大大改善了他们的生物进程。

波比出生在科斯塔家后院棚屋的一个柴火堆里。他大部分时间都在外面自由奔跑，从未被拴养过。年轻的时候，波比喜欢跳过院墙追赶邮递员，老了以后喜欢在花园中找东西吃，还会在家附近的果园和森林中漫步，路上遇到邻居家的狗狗通常要打个招呼。他每天都睡在外面，一有机会就和家人亲密互动。他这种活跃的表现有点像奥吉（Augie）——一只 20 多岁的金毛——奥吉的爸爸告诉我们，她

几乎每天都要游泳一个小时。还有布鲁伊（Bluey），生于1910年的澳大利亚牧牛犬，他活了29年零5个月。布鲁伊在维多利亚的一家农场工作，帮着家人放牧羊和牛。而麦琪坚持每天在她家的农场上来回跑3英里（约为4.8千米），一天要这样跑两次，整整坚持了20年，这相当于她一生跑了87000多英里（约为14万千米）。

这些长寿狗的主人并没有意识到，他们这种简单朴素、尊重常识的生活方式为宠物提供了健康和长寿所需的全部要素：营养全面、最低加工程度的食物；日常锻炼；最大限度地减少接触环境中的化学毒素；压力小；丰富多彩的社交活动。这些习惯对人类和他们的宠物都极为有益。

虽然现在还无法进行确切的生物年龄测试（实际年龄是按我们的出生年份计算，而生物年龄则反映细胞和组织的生理年龄，受到遗传、环境和生活方式等因素的影响），但科学家们通过DNA甲基化和端粒检测获得了一些信息。端粒是染色体末端的"保护帽"，随着时间推移会逐渐缩短，所以我们可以根据端粒的长度估算生物年龄。我们去葡萄牙之前已经完成了端粒检测，结果显示波比的生物年龄在28岁到32岁之间。但我们像其他人一样好奇，想要再次确认这一点，所以在探访波比时采集了他的DNA样本，将其送往匈牙利埃尼克·库宾伊博士

脂肪酸有益于毛发生长：

第一次见到波比，我们就被他浓密闪亮的毛发吸引住了。他平时一直在吃富含ω-3（omega-3）脂肪酸的食物，这种脂肪酸可以通过增加真皮乳头细胞（dermal papilla cells，简称DPC）及其关联蛋白的数量来促进毛发生长。那些富含脂肪的鱼类（比如波比常吃的金头鲷）都含有大量二十二碳六烯酸（一种对人体非常重要的不饱和脂肪酸），也就是DHA。

（Dr. Enikő Kubinyi）的实验室进行表观遗传时钟（epigenetic clock）测试。表观遗传时钟是以DNA甲基化修饰改变作为预测衰老的生物标志物，可以大致估算出生物年龄，然后再与实际年龄做比较。如果生物年龄大于实际年龄，可能代表着衰老加速；如果生物年龄比实际年龄小，说明衰老进程较慢。波比的DNA检测结果与端粒检测结果相近：其生物年龄介于23岁到35岁之间。

所有的媒体都在大肆宣传波比可能成为世界上最长寿的狗，我们觉得还是莱昂内尔的邻居们说得最好：这只老狗已经在镇上生活了几十年……很显然，他一定是做对了什么。

希望这本书能充分表达我们对宠物的爱和关怀。我们遍访世界各地的宠物，探索不同的养宠文化和宠物美食，我们想要告诉你的是，通过努力，你也能拥有一只长寿的宠物。虽然书名是《爱犬长寿密码》，但这

本书介绍的食谱和生活方式不仅适合狗，也适合猫。本书将向你展示如何为宠物制作美味健康、营养丰富的食物，并创造一个无毒的家居环境，让你和你的宠物共同生活在健康、快乐的美好家园。

本书将向你介绍富含营养素、有益于宠物健康的长寿食物，并且提供多种营养配方、自制方法、重要的科学研究成果、营养知识以及一些省钱的小窍门。我们认真钻研了很多食谱，从零食、配菜到宠物每天吃的均衡营养全餐，这些食谱中有很多都包含了我们在《永远的爱犬》一书中推荐的长寿食品。正确的食物就是最好的药，这本书将帮助你建立科学喂养的信心。但请注意：这不是一本普通的食谱书。事实上，它并不是一本严格意义上的食谱书，而是有关生活方式的书（当然，如果你愿意，你完全可以按照书中的食谱制作美食）。

不过，要保持狗狗的健康，不能仅仅依靠营养丰富的食物。如果狗狗运动量不足、

探索自然：

有几十项研究表明，进行森林浴或者多置身于大自然和小树林中，对健康有很多好处，包括：

- 降低血压
- 减轻压力
- 增进心血管健康，改善代谢功能
- 减肥

- 降低血糖水平
- 提高注意力，增强记忆力
- 降低抑郁症发病率
- 提升能量水平
- 增强免疫力

社交参与度低、缺乏丰富的体验，他的身体和精神都会受到影响。例如，研究显示，如果狗狗能维持良好的精神状态，就可以对抗炎症，提高免疫力。此外，如果狗狗有更丰富的体验，就会产生更多的脑源性神经营养因子（brain-derived neurotrophic factor，简称BDNF），这有助于保持脑细胞健康并刺激新的脑细胞生长。在这本书中，我们会提供很多丰容活动的创意以及相关科学研究，能让你的狗狗更幸福、更快乐，让他身体里的每一个细胞都能健康生长。

我们的居所、院子、城市以及生活环境中充满了各种各样的压力和毒素，会对狗狗的健康造成损害，比如：营养不良、肥胖、室内外环境暴露、某些兽医的不当操作（绝育手术、每年接种的疫苗、驱虫药的使用以及破坏微生物组的药物）等等。在这本书中，我们会探讨各种形式的压力，并指导你如何减少这些因素造成的损害。狗狗无法自主选择生活环境和生活方式，作为主人，我

Lifestyle: 生活方式
狗狗需要主人的关爱、丰富的体验、充足的运动以及精心的呵护。

Ideal microbiome: 理想的微生物组
保持肠道微生态系统平衡，可以提高免疫力、对抗疾病、调节营养代谢、促进健康。

Food: 食物
注意饮食多样化，给狗狗提供新鲜的、最低程度加工的、营养全面的食物（指没有经过化学加工或提炼的天然食物），这对狗狗的长寿至关重要。

Environment and Stress: 环境和压力
为狗狗打造一个没有环境污染的绿色家园，让他们远离有毒的护理产品和食物，最大限度地减轻身体系统的压力。

们有责任尽己所能，帮助狗狗过上更好、更健康的生活。我们会告诉你该如何做。

如果你关注食物和环境，"LIFE"生活提案不仅对狗狗有益，也会有助于你的健康和长寿。狗狗身处的环境，你为狗狗做出的选择，都会决定他们的生活质量。

本书的第一部分重点讨论身体需要什么，探讨哪些食物是长寿食物，能够最大限度地改善营养状况，可以作为预防性药物，让细胞、组织、骨骼、器官等有更多机会愈合、修复并保持平衡。你可以按自己的节奏准备食物，可以从零食、配菜、肉汤、炖菜和茶开始，也可以立刻上手制作均衡营养全餐（食材处理方式包括：生食、炉灶上炖煮、用电炖锅低温慢炖）。本书的第二部分将向你展示如何从外到内呵护狗狗和猫咪的健康：为宠物创造更安全、更健康的环境和生活区域，减少表观遗传风险和 DNA 损伤。这是非常重要的，因为这些风险和损伤最终会影响宠物的健康和寿命，引起疾病和退化。

根据我们采访的长寿专家的说法，健康的 20% 取决于基因，80% 取决于环境。这意味着你能够主动做一些事情来维护宠物的健康。这本书将帮助你用更科学同时还更省钱的方法养育宠物，防止他们的血液受到污染。我们会告诉你，如何从现在开始做出改变，多学习科学喂养的知识，为宠物选择更健康的生活方式。宠物每吃一口新鲜的食物，就意味着摄入更多生物活性物质，能够促进健康、保护微生物群落。把那些干扰内分泌的家用化学清洁剂换成无毒的自制清洁用品，就能减轻毛孩子们的代谢压力和环境压力。

　　按照本书的指导去做，你也可以养出一只长寿狗（猫），延长他的生命，让他过上充满活力、没有压力的健康生活。我们要采取积极主动的态度，这样才能不留遗憾。来吧，请跟随文字和图片，走进我们的厨房和家，跟我们一步步学习科学养宠吧！

如何养育"蓝色地带"（Blue Zone）狗：

　　"蓝色地带"是指世界上长寿人口比例最高的地区，在那里生活的人比其他地区的人平均寿命多出几十年。这些地区的百岁老人非常多，有学者对他们进行了研究，总结出四个特征：有规律的体育锻炼、地中海式饮食、紧密的社会关系以及低压力的生活方式。我们将向你展示如何让狗狗的生活方式符合这四个特征。

萨拉是我们这本书的校订者，她和丈夫彼得从家附近的乡村收容所领养了他们的第一只狗麦基（McGee），麦基是西施犬和贵宾犬的混血，今年两岁半。之前在网上看麦基的照片时，只看到一团灰色的卷毛，只有下颌的一颗尖牙能证明他是一条狗，而不是一个脏拖把。他们一直以为他是有毛的，但在领养那天，收容所的员工把他带进等候室时，他们发现他全身光秃秃的。员工解释说："他的毛都打结了，我们只能给他剃光了。实在不好意思，他现在看起来有点像只老鼠。"

在他们把他领回家的第一个月，麦基就长出了粗糙坚硬的被毛，很快，他的背部也长出了一撮斑驳的

毛发，比周围的毛发更黑、更干硬。萨拉夫妇停掉了前主人一直给他喂的狗粮，改成了沙丁鱼，因为他们知道鱼肉中的 DHA 有助于改善狗狗的毛发。他们把鱼肉和南瓜、牛油果混在一起，这些食物富含维生素 E，对干燥的皮肤和粗糙的毛发有益。很快，麦基的毛发变得柔软而光亮，背部那块黑斑也逐渐褪色，变成柔软、健康、易打理的被毛。

我们一次又一次地见证这样的转变，每次转变都令人欣喜：当你用新鲜食物取代加工食品后，狗狗原本暗淡、干枯的毛发就变得光亮、柔软；口臭和便便的异味都有所减轻；狗狗的眼睛变得更明亮，听觉也更敏锐。这就是好营养的力量，可以促进健康，抵抗疾病。让我们从厨房开始打造狗狗的健康生活吧，选择新鲜的、未经加工的、营养丰富的天然食材以及一些草本植物和香料。只要你有工具和锅具，还有想让狗狗活得更健康、更长寿的渴望和决心，就足够了。不要急，我们慢慢来！

第一部分

吃出健康

第一章

喂出长寿狗

长寿狗需要些什么？

如果想让狗狗一生健康，活得长久，需要给他吃些什么呢？要回答这个问题，我们先来回顾一下历史。

犬类与人类共同进化了数千年，从行为到肠道微生物，各个方面都受到了影响。西伯利亚考古记录表明，在大约 12 000 年前开始的全新世时期，犬类的觅食方式以及饮食习惯出现了重要转变，这种转变让犬类比他们的祖先——狼拥有了更加多样化的饮食。在全新世时期，狗狗开始外出觅食、捕猎小型动物、吃海洋和淡水食物，并且开始吃人类的剩饭剩菜。这些进食模式和选择决定了他们现在的营养需求，说明狗狗对肉类、鱼类、水果和蔬菜，还有人类亲手制作的新鲜食物有着长期存在的原始需求。所以，这些食物正是让狗狗长寿的关键。

营养常识

狗狗并不需要精制碳水化合物（指那些经过工业加工处理，从而失去部分或大部分天然成分的碳水化合物食品。生活中常见的精制碳水有精制谷物、果汁、奶茶、糖等。精制谷物主要包括大米和面粉）。尽管碳水化合物可以快速转化为葡萄糖（而葡萄糖又可以转化为能量），但是研究显示，狗和猫都不喜欢碳水化合物。事实上，如果让他们自己选择吃什么，他们会把碳水化合物作为最后的选择。

然而，市场上卖的许多宠物干粮中含有高达 50% 的碳水化合物。这需要引起我们的注意，因为碳水化合物会转化为淀粉，然后再转化为糖分，而糖分容易引起炎症反应，炎症反应又会引发一系列健康问题。如果给幼犬喂食含高碳水化合物的干粮，他们成年后患特应性皮炎（也就是我们常说的"狗狗过敏"）的概率会显著增加。值得庆幸的是，在日常饮食中添加至少 20% 新鲜食品就可以大大降低这种可能性。

虽然在食物中添加淀粉对狗和猫的健康没有太大作用，但他们确实需要健康的纤维来源来维护肠道的微生态平衡，仅摄取蛋白质和健康脂肪是不够的。他们的胃肠生态系统需要大量粗纤维食物（也就是被称为"好碳水化合物"的益生元），而不需要那些高升糖指数、高度加工的精制淀粉食物。大部分营养学家喜欢用一句话来总结"好碳水化合物"和"坏碳水化合物"的区别："吃西蓝花和吃白面包在代谢方面有很大的不同。"无数的研究报告表明，狗和猫需要从新鲜的、最低程度加工的农产品中摄取适量的健康纤维，以保持肠道健康。水果和蔬菜当然也是必不可少的，它们是天然抗氧化剂、植物营养素、多酚以及生物活性植物化合物最重要、最丰富的来源。

现在，我们已经知道要淘汰掉精制碳水化合物，替换成肉类、鱼类和新鲜的天然食物，那么，如何将其付诸实践呢？做法很简单：用营养丰富的自制食物代替劣质的商业狗粮和不健康的人类剩饭；用西蓝花和蘑菇代替比萨饼；与其选择装在密封袋里的超加工零食，不如换成新鲜的沙丁鱼。随着时间推移，小小的改变有可能带来大大的营养收益。

兽医通常会遵循"10%原则"，即零食的热量不能超过宠物每日摄入热量的10%。我们可以把新鲜的长寿食物做成各种各样的形式，比如零食、配菜，或者直接加在正餐中。尽情发挥你的想象力吧，我们迫不及待地想要看看你设计的"长寿食谱"。

当你制作的零食的质量和营养价值都有所提升后，你就可以尝试着做一顿均衡营养全餐了。食谱在第四章，从第152页开始。这本书中介绍的零食都能提供抗氧化剂、多酚和植物营养素，但它们不能替代完整均衡的饮食（也就是均衡营养全餐）。我们的全餐食谱中所含的营养素、维生素和矿物质均超过了宠物每日所需的推荐摄入量。

一开始，可以把你制作的零食放进舔食垫（lick mat）和漏食球里，作为狗狗正餐之外的加餐，然后再逐步替换现在的部分正餐，直到最后全部替换。随着新鲜的自制食物的增加，原有的食物要相应减量，以保证热量摄入不超标。我们的建议是，在你的能力范围内，尽可能多地给狗狗提供新鲜食物，可以一步步来，慢慢做出改变，不要给自己或者狗狗带来太大压力。

最低程度
热处理的
食物

| 熟自制食物 | 生骨肉
（注意病原体的控制） | 低温慢炖的食品 | 冻干食品 | 脱水食品 |

商业狗粮

你可能要问：我还能给宠物喂商业狗粮（猫粮）吗？当然可以！我们并不是主张你每顿饭都要亲手制作。在选择健康的宠物食品时，请最大限度地控制精制碳水化合物的比例，以蛋白质和脂肪为主要热量来源（为健康零食和配菜留出 10% 的热量）。如果给狗狗吃商业狗粮，注意要经常更换品牌和蛋白质来源，购买最低程度加工（最低程度热处理）的食品。商业狗粮的加工程度越高，就意味着高温处理过程中产生的不必要的化学副产品越多。可以选择脱水食品、冻干食品、低温慢炖的食品或者生骨肉（需要有卫生保证）。

那么如何判断某种食品是否优质、可以购买呢？请记住一个标准：食品中含有的坏碳水化合物越少越好。要确定碳水化合物的含量，可以按如下方法计算：

1. 看一下食品袋子上标注的产品成分分析保证值。
2. 用公式计算。

蛋白质 + 脂肪 + 纤维 + 水分 + 灰分（如未列出，则计为 6%）= X

100-X = 碳水化合物所占的百分比

请选择碳水化合物含量低于 20%（最好是低于 10%）的狗粮

最高程度
热处理的
食物

| 罐头食品 | 风干食品 | 烘烤制作的食品 | 压缩干粮 | 半湿粮（水分含量高于 14%，低于 60%） |

要准确区分加工程度有些困难，因此国际食品信息理事会（International Food Information Council，简称 IFIC）等组织制定了分类标准（包括 NOVA 食品分类系统），虽然难免会有些主观，但还是可以作为参考的：

- 最低程度加工食品：新鲜的或冷冻的宠物食品，没有或只有一个热（加热）处理或压力（高压巴氏杀菌）处理步骤。

- 加工食品：比最低程度加工食品多了一些处理步骤。包括低温慢炖的食品、冻干和脱水食品，它们都是用经过处理（非生肉）的食材制成的。

- 超加工食品：在已经加工过的食品基础上进行再加工的食品，比如放了添加剂，经过多次热处理或压力处理制成的压缩干粮、罐头或人工合成的食品。

下面介绍一个简单的方法，可以用来区分食品的加工程度。

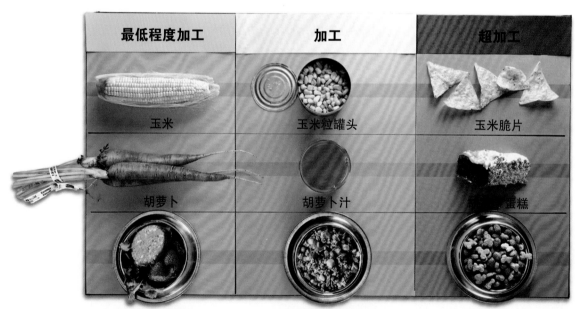

打造你的长寿厨房：工具、餐具和用具

我们在制作食物的时候需要用到一些基本工具，让准备工作变得更轻松。你可以按照下面的清单采购，打造专属于你的长寿厨房。

食物秤

准备一个高质量的食物秤，放在橱柜抽屉里。我们的均衡营养全餐食谱中的食物重量单位是克[1]，所以要有一个可以显示克重的秤，还要确保有自动皮重功能，这样它就能自动减去你用来测量的容器的重量。

说到容器，你的食物秤还要足够大，能放置大一点的容器。也许你需要做好几份食物，也许你家有一只胃口很大的大型犬，所以一定要提前考虑好容器的容量。

切菜板

切菜板的种类几乎和狗狗的种类一样多，我们更喜欢石材、天然硬木（枫木最受欢迎，而且最抗菌！）、玻璃或无甲醛的竹板。要避免使用塑料板或三聚氰胺板，因为它们含有微塑料（包括 1450 万 ~ 7190 万个聚乙烯塑料颗粒和 7940 万个聚丙烯塑料颗粒！）和可能导致细胞变化与肾脏损伤的化学物质（包括甲醛）。也不要使用抗菌板，尽管听起来很健康，但它含有一种叫作三氯生的化学物质，这种物质已经被证明与肝脏、甲状腺损害和吸入毒性（外来化合物经呼吸道进入人体而引起的毒作用）有关。

那要不要专门买一个菜板用来切狗狗的食物？我们觉得没有太大必要，只要确保有一个菜板专门用来切生肉就行，以防止细菌污染其他食物。

1　原版书中的计量单位为美制，比如磅、盎司、英寸、华氏度、夸脱等，为方便国内读者阅读，本书统一换算成中国计量标准单位，如克、毫升、厘米、摄氏度等。——编者注

食盆和水盆

狗狗的食盆和水盆是你家里最脏的地方之一，因为盆底有一层被称为生物膜的透明薄膜，这是一种光滑、黏稠的细菌，会通过狗狗传染给你。无论你选择哪种盆，都要确保每顿饭吃完以后好好清洗。那么，哪种盆最好呢？

- **塑料盆**：坚决不要。在所有种类的盆中，塑料盆滋生的病原体数量最多。塑料还会释放内分泌和黑色素干扰物，引发接触性皮炎，使宠物的口鼻变红、发炎。要了解更多关于塑料的知识，请参阅第 18 页的"食物储存"。

- **陶瓷盆**：小心！陶瓷盆里藏着最有害的细菌，包括沙门氏菌、大肠杆菌和抗甲氧西林金黄色葡萄球菌。陶瓷中也可能含有铅，因此如果你选择陶瓷盆，请确保它有食品安全标志和无铅标志，并且要每天消毒。如果你发现陶瓷表面有细纹和裂纹，请及时更换。

- **不锈钢盆**：可选。不过也有一些杂牌子的不锈钢盆因为存在重金属污染问题被召回，请务必从值得信赖的商家处购买高品质的盆（比如 304 不锈钢的）。

- **厨用安全玻璃盆**：可选。有一种适合厨房使用的耐热玻璃盆（如派莱克斯耐高温玻璃盆，英文名为 Pyrex®），可以作为宠物的食盆、水盆，非常安全，还不用担心破裂。

- **舔食垫怎么样？** 可以使用，但需要定期清洗和更换。硅胶和橡胶做的舔食垫还有漏食玩具在短时间内使用是安全的，但上面残留的食物气味和污渍需要及时清除。

清洗和消毒食盆：

每顿饭吃完以后都要清洗食盆。每周要至少消毒一次，把食盆放进洗碗机中高温烘干，或者在食盆上喷一些双氧水或涂抹白醋（二者不要混合使用），静置五分钟，然后用干净的海绵擦拭。

水过滤器

自 2010 年至 2017 年，美国约有 10 万例癌症与自来水中发现的化学物质（包括砷、铀和镭）有关。为防止你和你的宠物受到水中这些化学物质的伤害，首先要检测一下你家中的水质，然后根据情况购买适合的过滤器，包括：

- **炭块过滤器**：虽然需要频繁更换并且价格较高，但它是最能有效去除有害化学物质的过滤器。不过它无法去除砷和高氯酸盐。

- **颗粒活性炭过滤器**：比炭块过滤器效果差一些，但价格便宜。

- **反渗透过滤器**：对于去除像砷、氟化物、六价铬、硝酸盐和高氯酸盐等污染物极其有效，但是它无法去除内分泌干扰物或挥发性有机化合物，并且会同时去除铁、钙、镁等对身体有益的营养元素。

降低宠物患癌症的风险：

癌症是导致老年犬死亡的主要原因，每三到四只狗狗中就会有一只患上癌症。我们采访的癌症科学家一致认为，10% ~ 20% 的宠物癌症可以归因于基因，而 80% ~ 90% 是由环境暴露引起的，风险的增加或减少取决于我们为他们做出的选择。我们每天都要做出关于生活方式的决策，随着时间的推移，这些决策逐渐呈现出好的结果或坏的结果。如果我们能够逐一解决潜在的癌症暴露风险，系统性地净化家中的空气、水、食物和宠物的生活环境，就能大大降低家居环境中的癌症风险。

食物储存

无论你是要储存配菜、零食、全餐、粉末还是营养补剂，玻璃容器都是最好的选择。与其他材料相比，玻璃容器安全、卫生，可以阻止有毒物质对食物的侵蚀。我们一般都用炉灶加热食物，如果要用微波炉加热，就必须使用玻璃容器。千万不要用塑料容器储存食物，因为：

- 塑料中的添加剂会渗入食物中，包括双酚 A（BPA），它有模拟雌激素的效果，会影响身体新陈代谢的过程，导致细胞变化，从而引发癌症。即使是不含双酚 A 的塑料容器也并非完全没有添加剂，它们通常含有双酚 S（BPS），会破坏细胞功能、影响神经系统，甚至比双酚 A 对生殖系统的危害更大。

- 许多塑料含有全氟和多氟烷基物质（PFAS），这些物质已被证实与某些癌症、出生体重过低、免疫系统紊乱和甲状腺疾病有关。它们也被称为"永久化合物"，因为它们会在我们的身体或环境中永久存在，几乎不能被生物降解。

- 塑料中含有邻苯二甲酸酯，它不仅会干扰宠物的内分泌，还会干扰野生动物（比如北极熊、鹿、鲸鱼和水獭等受试动物）的内分泌，导致睾丸损伤、生殖器异常、精子数量减少和不孕。

- 如果不能每天清洗（这很难做到），塑料容器就会变得油腻，有难闻的异味，还会让里面储存的食物变质。

虽然橡胶和硅胶材质的容器肯定比塑料容器更安全，但它们会随着时间的推移吸收食物的气味，并且难以清洗，所以我们还是建议选择玻璃容器。

其他会用到的厨房用具

厨房剪刀： 用来剪切草本植物和肉类。

迷你打蛋器： 适用于做小份餐食。

硅胶烤垫、羊皮纸和（或）烘焙高温油纸： 使用方便，不易粘锅

微型磨碎器： 可以用来切点姜末、少量蔬菜碎，或者磨一些姜黄粉，加到狗狗的饭里。

食品加工机或搅拌器： 可以快速切碎蔬菜和草本植物，还可以把食物搅打成泥。

电炖锅［克罗克电锅（Crock-Pot）］： 适合用来低温慢炖，制作均衡营养全餐和肉汤，让厨房中飘散着迷人的香气。

冰块托盘： 适合制作和储存给狗狗训练时吃的零食和配菜。

研钵和捣杆： 可以用来研磨维生素和矿物质补剂，加到均衡营养全餐中。用电动咖啡研磨机或小型搅拌机也可以。

脱水器： 可以把冰箱中那些快要过期的零食变成能继续保存的食品。与烤箱不同，脱水器整天开着都没事，而且它的耗电量更低。

开始备餐

在选购和准备食材时，要注意以下事项：

尽量选择有机食品

有机食品的生产和加工不使用化学农药、化肥、化学防腐剂等合成物质，也不用基因工程生物及其产物。而且某些有机食品更富营养，比如富含多酚（强效抗老化分子化合物，可以减少组织和器官的氧化应激）以及能够抗癌、保护心脏健康、增强脑力和防止糖尿病的生物活性化合物。

多酚含量　　　　　　　　　　　　　　　　多酚含量

普通水果和蔬菜　　VS.　　**有机**水果和蔬菜

有机食品的清洗

即使是有机食品，也仍然有可能被细菌污染，所以还是要清洗，但不需要削皮或者用力搓洗。与常规农业相比，有机农业能够维持土壤健康，提高微生物的多样性，所以，一点点健康的土壤残留物可能是有益的。只要确保清洗之后彻底控干水分，防止霉菌生长就可以了（我们一般会使用蔬菜脱水器，或者用纸巾吸干水分）。

那么，如何清洗有机食品呢？下面推荐两种我们最常用的方法：

盐水浸泡法

虽然FDA（美国食品药品监督管理局）建议用稀释的漂白剂溶液清洗绿叶蔬菜，但我们更喜欢用盐水浸泡。在10%的盐水溶液（不是醋或清水）中浸泡蔬菜20分钟，可以更有效地去除常见的农药，包括氯吡硫磷、滴滴涕、氯氰菊酯和百菌清。

半杯喜马拉雅盐或海盐
5杯过滤水（经过过滤处理，去除了杂质和污染物的水）

1. 找一个干净的盆，倒入过滤水，然后加入盐，直到盐完全溶解。
2. 把水果和蔬菜放入盐水中浸泡20分钟。
3. 冲洗干净并彻底沥干水分。

醋浸泡法

苹果、黄瓜、甜椒、茄子等有可能打过蜡，用醋浸泡是去除蜡质的最有效的办法。

半杯过滤水
半杯醋（白醋或苹果醋）
1汤匙新鲜柠檬汁
2汤匙盐

1. 找一个干净的盆，倒入过滤水，然后加入醋、柠檬汁和盐，搅拌均匀。
2. 把瓜果蔬菜浸泡在水中，绿叶菜和浆果浸泡2～3分钟，西蓝花、菜花和带厚皮的瓜果蔬菜要浸泡20～30分钟。
3. 冲洗干净并彻底沥干水分。

关于食物的流言、误区和担忧

对狗狗来说，什么是安全的，什么是不安全的，相关的错误信息不计其数，令人晕头转向。有个好消息告诉你：只要注意以下提示，就基本能保证狗狗的安全。

哪些食物有窒息危险？

对孩子和狗狗来说，食物是否会引起窒息，取决于食用方式。如果狗狗不小心吸入比自己的气管小的食物，就有窒息的风险。如果你担心某种食物对狗狗来说块太大了，那就把它剁碎或者不要让狗狗吃。可遵循如下原则喂食：

- 只喂食水果和蔬菜可以吃的部分。
- 不要给你的孩子（或者毛孩子）喂食任何坚硬的植物的茎、叶、果核儿、果心或果皮。
- 如果要制作零食，建议模具的直径是狗狗脚爪直径的两倍。
- 如果狗狗喜欢整块吞下食物，一定要多加注意，不要给他吃大块的东西。
- 将所有食物切成一口大小的块。

哪些食物对狗狗有毒？

欧洲宠物食品工业联合会（FEDIAF）建议不要给宠物喂食以下这些食品，因为它们可能会导致宠物生病甚至死亡。

- **巧克力**：含有可可碱和咖啡因，会兴奋中枢神经系统、提高心率。对于狗狗来说，这些物质无法被有效地代谢，会在体内积聚，导致一系列中毒症状，如呕吐、腹泻、流口水、心率加快、兴奋、全身抽搐等。

- **葡萄**（以及提子、葡萄干、黑加仑）：它们都含有一种叫作酒石酸的物质，可能导致呕吐、口渴、腹泻和肾脏损伤。

- **夏威夷果**：科学家们目前还不知道其中的哪种毒素（如果有的话）对狗狗有毒，但它的高脂肪含量可能导致恶心。

- **洋葱**：洋葱中含有一种有毒的成分，会导致狗狗体内的血红蛋白受到影响，从而引起海因茨小体溶血性贫血。随着症状加重，狗狗会疲累、嗜睡。

以下食物对狗狗是无毒的：

- **牛油果**：有传言说牛油果对狗狗有毒，其实那只是基于对两只营养不良的南非犬的研究得出的结论。他们吃的是牛油果的茎和叶。这项研究强调的是不要让狗狗吃牛油果的茎和叶，而不是牛油果的果肉。（还有许多植物的茎和叶狗狗不能吃，包括番茄藤和核桃树。）牛油果的果核儿和果皮也不能给狗狗吃，会引发窒息。

- **桃子、樱桃、杏和其他去核儿水果**：这些都是非常安全的，只要去掉核儿和茎就可以。

- **迷迭香**：迷迭香不会引发癫痫，但如果你的狗狗本身患有癫痫，就要避免给他喂食大量的迷迭香精油或提取物（含有樟脑成分，会增加哺乳动物癫痫发作的风险）。

- **胡桃、杏仁、山核桃和其他坚果（夏威夷果除外）**：这些食物中没有发现毒性物质，不过仍然有引发窒息的风险，所以在给狗狗喂食时要切成小碎块。有些坚果的外壳含有胡桃醌，会引起各种症状，因此在给狗狗吃的时候要剥掉外壳。

- **猪肉**：有传言说不能给狗狗吃猪肉，因为猪肉的脂肪含量高。但实际上，猪肉的蛋白质是完全蛋白质，含有身体所需的各种氨基酸，如果你的狗狗对鸡肉或牛肉过敏，那么猪肉就是最好的蛋白质来源。如果你要选择生猪肉，根据疾病预防控制中心（CDC）的建议，需要先在 -15°C 的温度条件下冷冻 20 天以上，杀死肉中的旋毛虫。在 63°C 以上的温度条件下进行烹饪，也可以杀死所有潜在的寄生虫。

- **三文鱼**：食用太平洋西北部的生三文鱼有可能会导致狗狗"三文鱼中毒"，但这种概率很低。如果能在 -20°C 的温度下冷冻 24 小时之后再吃，或者炖煮后食用，就能避免这个小风险。

- **大蒜**：由于它是洋葱家族的一员，人们总是认为它也不安全。但大蒜中的硫代硫酸盐含量只有洋葱的十五分之一，并且已经有一份国家报告宣布大蒜对宠物是安全的。大蒜中含有大蒜素，这种物质在适量的情况下对狗狗的心血管有益，所以你会看到很多商业宠物食品中添加了大蒜。

- **蘑菇**：所有对人类有益的蘑菇对宠物也有益，我们推荐给狗狗喂食蘑菇，因为它有营养价值和药用价值。蘑菇烹饪后食用会更容易消化，还能增强它的健康效用，并且可以灭活伞菌氨酸——在大啡菇中发现的一种真菌毒素。

听说不应该给狗狗喂新鲜食物，这是真的吗？

当然不是真的，原因如下。

许多兽医学校和教学医院都与生产超加工食品的大型宠物食品公司有关联。这些公司目前不销售新鲜食品，所以学生们没有机会学到干粮和罐头之外的宠物食品的知识。许多兽医的学生都被灌输了这样的观念：只能给宠物吃高度精制的、超加工的食品，其他任何类型的食品都有风险。

问题在于：新兴科学并不支持这种观点，而且这是违背常识的。所有的动物都需要多种多样的新鲜食物，以达到最佳健康状态，可是大多数宠物从未吃到过任何新鲜食物。

就拿我们在引言中提到的那些长寿狗来说，他们中的大多数从不吃超加工食品，可这丝毫没有影响他们的寿命。

有个见不得光的商业秘密，可以证明新鲜食物更好。在美国，所有食品都要经过检测，通过检测的食品会被认定为"人食级别"，而不合格的食品会被认定为"饲料级别"，这意味着它们可以被制作成动物饲料，包括宠物食品。顾名思义，这些"饲料级别"的食品成分中含有更多的污染物。

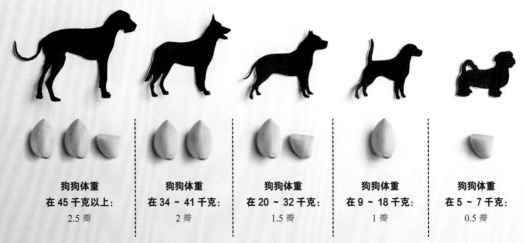

大蒜食用指南：

如果你想在狗狗的日常饮食中添加一些大蒜，可参考以下建议的每日摄入量。

狗狗体重在45千克以上：	狗狗体重在34~41千克：	狗狗体重在20~32千克：	狗狗体重在9~18千克：	狗狗体重在5~7千克：
2.5 瓣	2 瓣	1.5 瓣	1 瓣	0.5 瓣

美国国家研究委员会（The National Research Council）把猫摄入大蒜的安全剂量定为每千克体重17毫克。

我能给狗狗更换食物吗?

当然可以。如果你想拥有一只长寿狗,那就一定要给他吃各种营养丰富的新鲜食物。

如果你的狗狗在一段时间内一直吃同一品牌和口味的食物,那么他就需要提高微生物组的多样性以促进健康,而微生物组也会通过多种方式影响免疫系统。如果你的目标是减少狗狗的代谢应激和炎症,清除毒素,找到长寿的密码,重新平衡微生物组,那么,通过给狗狗喂食健康的正餐和零食,就可以实现这样的目标。

你可以根据两个因素来决定更换新食物的速度和频率:狗狗适应新食物的能力,还有你厨房里的食物储存空间。要达到最好的效果,建议慢慢更换。每次换一点,随时观察狗狗的大便,以此来判断何时可以更换更多的新食物。如果狗狗大便不成形,那就暂时不要再加入新的食物,控制新食物或零食的量,给肠道一些时间适应变化。如果狗狗大便成形了,正常了,就可以再接着给他吃更多种类的食物,我们会在第160页详细介绍如何过渡到一种新食物。

我能给狗狗喂剩饭剩菜吗?

过去的狗狗大多以吃人类健康的剩饭剩菜为生,他们也都很好地存活了下来,这说明人类的食物和饭菜是适合狗狗吃的。

不过,人吃剩下的煮西蓝花和炸薯条是有区别的。不健康的剩饭会引发疾病,而健康的剩饭则可以使肠道菌群更加多样化,并改善整体健康。如果给狗狗吃健康的剩饭剩菜,同时再加上20%的生骨肉,就能大大降低狗狗患过敏性皮炎的概率。和吃狗粮的幼犬相比,吃生骨肉的幼犬患炎症性肠病(inflammatory bowel disease,简称IBD)的风险明显降低。

要注意给狗狗吃的剩饭剩菜(包括肉类、水果和蔬菜等)的烹调方式,不能添加酱汁、糖或辛辣的调味料,不能给狗狗吃油炸、烤焦或变质的食物。坚持给狗狗吃“好碳水化合物”(比如升糖指数低、纤维素含量高的蔬菜),不要给他们吃精制碳水化合物,比如面包、面条等。人吃饭的时候,狗狗总是会眼巴巴地在一旁看着,希望能吃一口餐桌上的美食,你一定得克制住喂食的冲动,因为并不是所有食物都适合他们吃。你可以在训练狗狗的时候给他们吃一点健康的人类食品,或者把健康的剩饭添加到狗狗的正餐中。

狗狗需要丰容：

　　有很多互动式玩具能让狗狗消耗精力和体力，增加参与感，比如益智玩具、舔食垫、漏食球等。还有很多娱乐活动可以给狗狗带来丰富的感官刺激，分散他们的注意力，帮助他们消磨时间，这样他们在独处时就不会感到无聊。你可以根据狗狗的个性、需求和饮食目标安排活动、玩具和奖励，比如用下面几种方式升级你家的健康剩饭：

- 将食物装在冰块托盘里冷冻，作为狗狗的配菜。

- 把食物放进漏食球里，可以直接给狗狗玩，或者放进冰箱冷冻后再拿出来。

- 把食物涂抹在舔食垫上并冷冻，可以在需要分散狗狗的注意力时使用。

- 在肉汤或高汤中放一些剩菜，然后冷冻，做成冰棒或其他类型的冷食给狗狗吃。

脂肪对狗狗有益还是有害？

许多宠物家长出于种种原因抵触脂肪。他们的担心不无道理，那些经过再加热的氧化和变质的脂肪是非常可怕的宠物食品添加剂（比如在干狗粮上喷洒餐馆的回收油，作为口味增强剂），会使宠物体内充满高级脂质过氧化终产物（advanced lipoxidation end products，简称ALEs），造成细胞损伤，导致胰腺炎、恶心、胃肠问题和早衰。

不过，那些未经提炼和加工的原始脂肪是维持健康的燃料，能持续为身体提供能量，这是符合自然规律的。这些脂肪包括 DHA 和 EPA（一种 ω-3 多不饱和脂肪酸，为人体必需脂肪酸），它们是构成大脑细胞膜的重要成分，有助于保护神经元免受氧化应激损伤，从而减缓认知能力下降。

值得注意的是，狗和猫的食物中需要添加不同类型的必需脂肪酸，如果长期缺乏必需脂肪酸，会导致皮毛干涩、没有光泽和脱毛等问题。比如，猫需要摄取花生四烯酸（AA），这是一种 ω-6 不饱和脂肪酸。宠物无法有效地将植物中的 α-亚麻酸（ALA）转化为 DHA 或 EPA，以满足他们的需求，所以他们需要从沙丁鱼等食物中获取。最后还要强调一下，必须给宠物补充 ω-6 脂肪酸中的亚油酸（LA），所以你会看到后面的均衡营养全餐食谱中添加了某些植物油。

还有一些其他类型的脂肪也对健康有益，但不能满足宠物的 EPA 或 DHA 需求（没关系，它们都是好东西），我们的食谱中也会包括一些：

- **椰子油**：在室温下呈固态，是月桂酸含量最高的植物油。月桂酸是一种中链脂肪酸，有助于对抗酵母菌，提高高密度脂蛋白胆固醇（我们平时说的"好胆固醇"）水平。

- **黑籽油**：也被称为黑孜然籽油（和你调料架上的孜然无关），含有百里醌，具有强大的抗氧化特性，对健康极为有益，可以帮助缓解神经系统变性疾病，减缓认知功能下降，减轻大脑紊乱症状、疼痛和炎症，还能对抗病毒和癌症。

- **橄榄油**：富含单不饱和脂肪酸，能够保护心脏，减少炎症。

虽然脂肪提供的热量是碳水化合物或蛋白质的两倍，但许多宠物超重的根本原因并不是脂肪，而是过度摄入淀粉（被身体以脂肪的形式储存）。狗和猫需要健康的脂肪来实现长寿，而不是淀粉类的精制碳水化合物。

"抗营养物"对宠物有害吗？

我们都知道多吃植物类的食物是有益的，但植物也确实会产生一些干扰其他营养素消化吸收的化合物（包括凝集素、硫代葡萄糖苷、草酸盐、植酸盐、皂苷类和单宁）。这些被称为"抗营养物"的化合物可以保护植物免受昆虫和疾病侵害，但如果喂给宠物吃，希望他们能从中获取营养，是否会适得其反呢？

也许不会。大多数营养学家认为，食用含有"抗营养物"的植物带来的好处超过了完全不吃植物带来的风险。植物中含有的药用植物化学物、抗氧化剂和黄酮类化合物，都是我们延续生命所必需的物质（其实这些成分单独看都有些"问题"）。然而，有些无谷粮（指不含玉米、小麦、麦麸、谷物壳等谷类，以蔬菜、水果和鲜肉为原料制作的狗粮）的淀粉 / 碳水化合物含量很高（可以参阅第 13 页，计算一下宠物食品中的碳水化合物含量），这就会导致植物化合物被大量摄入，那么"抗营养物"产生问题的可能性就会增加。因此，我们不建议给狗狗吃淀粉 / 碳水化合物含量过高的食品或者纯素食。

基因或品种倾向性都会破坏身体有效排除这些化合物的能力。如果你的狗狗身体状况特殊，兽医建议避免食用某些食物，那么你可以从这本书中选择替代品。

我们的食谱中植物所占的比例很小，这是根据狗狗祖先的饮食习惯设计的。如果你还是担心"抗营养物"的问题，可以把食物煮熟后再喂给狗狗吃，或者试着自己培育芽苗（参见第 66 页）。这两个方法可以灭活或大幅度减少这些"抗营养物"。

狗狗的微生物组

　　狗狗的消化系统内部是一个复杂又壮观的世界，栖居着大量微生物。微生物组由细菌、病毒、真菌、寄生虫和其他微生物朋友与敌人组成，对狗狗的健康至关重要，能帮助狗狗消化食物、代谢营养物质、抵御病原体、阻止毒素入侵、诱导炎症介质的产生和释放、合成和分泌消化酶、参与机体免疫和合成生长发育必需的维生素（包括维生素 B_{12} 和维生素 K），并通过释放神经递质影响大脑的健康水平。狗狗的肠道健康也与慢性疾病密切相关，这些疾病会缩短他们的寿命。

　　有很多不健康因素会破坏狗狗体内微生物组的平衡和多样性，包括家用化学品、环境中的化学毒物、肥料、抗生素等药物、压力、疾病和导致代谢异常的单一饮食。研究显示，和那些以热加工食物为主的饮食相比，生食更能促进微生物组的平衡和多样性，让肠道功能更加健康，还能促进消化并减少之后的过敏反应。另外，与经常吃加工食品的狗狗相比，经常吃未经加工的肉类、内脏、鱼类、鸡蛋、生骨头、蔬菜和浆果的狗狗患慢性肠病的可能性要低 22%。

　　如果你还是对微生组的神奇性表示怀疑，让我们回过头看看前面讲到的波比吧。我们把波比的大便送到实验室进行微生物组分析，其中一位研究人员说，波比拥有他们所见过的最多样化、最强大的微生物组！还记得吗？波比只吃新鲜食物，没有吃过其他类型的食物，而且他每天都接触富含微生物的土壤。微生物生态学家霍莉·甘茨（Holly Ganz）博士一直致力于研究食物如何影响狗和猫的微生物组，她告诉我们：在显微镜下观察宠物大便时，可以看出哪些宠物能吃到新鲜食物，哪些宠物不能吃到，这是多么令人震惊。他们的微生物组差异巨大，

增加好细菌：

　　你的宠物微生物组中最常见也是最重要的成员之一是梭杆菌属，增加这种细菌数量的方法之一就是喂食新鲜的、以肉类为基础的食物，本书中介绍的食谱都属于此类。抗生素是必备药品，但即使只服用一个疗程（包括止泻药甲硝唑）也会摧毁肠道中的好细菌，包括梭杆菌属。即使停止用药，宠物的肠道也永远无法恢复正常状态。但不要惊慌，研究发现，自制食物能够提高狗狗肠道中的梭杆菌属水平。

常吃新鲜食物的宠物的大便有更丰富的微生物多样性。

微生物组是我们热衷于研究的领域，所以本书中的食谱包含了促进肠道健康的特殊食材。我们特别选择了五类长寿食物，包括蘑菇、芽苗菜和草本植物、蒲公英、鸡蛋、沙丁鱼和其他食用鱼，部分原因是它们含有有益的营养物质、化合物和益生元纤维，这都是培育充满活力、健康的微生物组的关键因素。

益生元纤维

益生元纤维是给肠道细菌提供营养的植物纤维。没错，宠物肠道内的微生物也是要靠食物存活的生命体。摄入富含益生元纤维的食物对于肠道健康至关重要，在 www.foreverdog.com 上有一个可下载的 PDF 文件，列出了所有富含益生元纤维的新鲜水果和蔬菜，可以作为训练狗狗时的奖励零食。

如果你的狗狗胃肠道敏感，给他吃一些高纤维食物，就能减少肠道炎症，让大便更成形，减少软便、稀便，还能促进糖分解（糖可以分解成能量）。这些都是微生物组功能良好的标志。

多吃西蓝花：

我们喜欢把西蓝花切成片，随身带着给狗狗当零食吃。西蓝花有助于预防癌症和 2 型糖尿病，还能保护小肠内壁。把切碎的西蓝花放置 90 分钟后再喂食，能将萝卜硫素（一种可以防止或延缓癌变肿瘤生长的植物活性物质）的活性提高 2.8 倍！

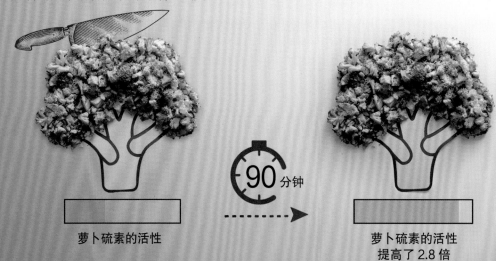

萝卜硫素的活性   90分钟   萝卜硫素的活性
提高了 2.8 倍

建立更健康的习惯

改变过去的喂养方式，转换为新的方式，这是建立更健康的习惯的第一步。我们建议先从零食（就是训练狗狗时的奖励食品）开始改进，不再把不健康的高碳水化合物、经过加工的垃圾食品当作零食，相反，我们应该让零食成为真正的"奖励"，起到双重作用，既是在夸奖狗狗"你真棒"，同时又帮助他保持健康。

从本书第74页第三章开始，我们将为你介绍一系列健康零食食谱。翻到下一页，你还会看到一些能够从大自然中获取的即食食品，可以作为零食给狗狗吃。我们把放进漏食球、舔食垫等互动式玩具的食物也归入了"零食"类，因为这些食物是在用来打发无聊时间的丰容活动中使用的，大部分不是均衡营养全餐。

改变了狗狗的零食习惯以后，就可以着手改进正餐了。记住，你并不需要一下子全部换成自制食物，可以一点点替换狗狗现在正在吃的食物，让自制食物的比例占到10%～75%。均衡营养全餐由新鲜的纯天然食物组成，很快你就会发现，随着狗狗的身体从内到外的自我修复和完善，他们的健康、饮食偏好以及能量水平也在发生改变。

改变并不是要非此即彼，而是可以做各种尝试。如果你要混合搭配各类宠物食品，唯一需要把握的原则是：更换新食物的速度不会给宠物造成任何的肠胃不适。把自制食物和商业加工食品混在一起，把生食和熟食混在一起，这都是没有问题的。就像我们吃的一顿饭里有熟食也有生食，混在一起吃不会对身体造成损害。目前还没有研究表明宠物吃混合搭配的食物会对健康有影响，所以你可以把生食作为配菜加到商业加工食品中，也可以在生骨肉中加入一些熟的配菜（比如你吃剩下的煮熟的蔬菜），或者把多种食物用你能想到的各种搭配方式组合起来，涂抹在舔食垫上，或放进漏食球里。

如何冷冻肉类：

如果你担心从市场上买回来的生肉里有寄生虫，给你推荐一个简单的处理方法，就是冷冻3周。在吃之前，先把肉放在冰箱里冷冻3周，然后再拿出来化冻，做给家人（包括人和毛孩子）吃。

即食零食：随时可以享用的新鲜"药品"

我们把这种即食零食称为"核心长寿食物伴侣"，包括生的和煮熟的新鲜食物，可以将它们作为配菜加入正餐或切碎作为零食。这些即食零食一般是剩饭剩菜或切菜时扔掉的部分，你不需要从零开始制作，找找身边现成的马上能吃的小块健康食物就行。它们看起来很不起眼，但好处非常多。例如，一项针对苏格兰梗进行的研究显示，每周在他们的食物中少量添加三次黄色、橙色和绿叶蔬菜，能够显著降低（超过 60%！）患膀胱癌的可能性。

请记住，所有零食和配菜的热量不要超过狗狗每日摄入热量的 10%。

富含抗氧化剂的食物
- 含有维生素 C 的**甜椒**
- 含有辣椒红色素的**红甜椒**
- 富含花青素苷的**蓝莓、黑莓和树莓**
- 富含 β- 胡萝卜素的**哈密瓜**
- 含有柚皮素的**圣女果**
- 含有安石榴苷的**石榴籽**
- 含有聚乙炔的**胡萝卜**
- 含有芹菜素的**豌豆**
- 富含萝卜硫素的**西蓝花**

抗炎食物
- 含有菠萝蛋白酶的**菠萝**
- 富含 ω-3 脂肪酸的**沙丁鱼**（需要低嘌呤饮食的狗狗不能吃）
- 富含槲皮素的**蔓越莓**
- 富含葫芦素的**黄瓜**
- 富含锰的**椰子肉**（或不加糖的干椰子片）
- 富含维生素 E 的**生葵花籽**（可以用它们和一些微型蔬菜的种子发芽，在发芽和生长的过程中，叶绿素会逐渐增加）
- 富含镁的**生南瓜子**（每次只喂一粒，每4.5 千克体重对应一天的喂食量是 1/4 茶匙）
- 富含硒的**巴西坚果**（你和你的大型犬每天各吃一颗，或者和你的小型犬每天共吃一颗，记得要切碎）
- 含有叶酸的**四季豆**
- 含有漆黄素的**草莓**
- 富含 3- 吲哚甲醇的**羽衣甘蓝**（或自制的羽衣甘蓝脆片）
- 含有异硫氰酸酯的**菜花**

排毒食物

- 含有芹菜素的**芹菜**
- 含有茴香脑的**小茴香**
- 富含岩藻多糖的**紫菜**（及其他海藻）
- 含有甜菜碱的**甜菜根**（有草酸问题的狗狗不能吃）

对肠道有益的食物

- 富含益生元的**豆薯、青香蕉、菊芋、芦笋、南瓜**
- 富含猕猴桃素的**猕猴桃**
- 富含果胶的**苹果**
- 富含木瓜蛋白酶的**木瓜**

建议烹饪后食用：

以下这些蔬菜虽然营养丰富，但也存在一些问题，烹饪后再吃会更好。

- **菠菜**：菠菜中含有草酸，会阻碍钙的吸收，把菠菜用热水焯烫一下可以解决这个问题。

- **芦笋**：芦笋中的重要营养物质在未煮熟前可能无法释放出来，煮熟有助于从细胞壁释放这些营养物质。煮芦笋也会破坏其坚硬的细胞壁，使维生素 B_9、维生素 C 和维生素 E 更容易被身体吸收。

- **蘑菇**：蘑菇含有大量的抗氧化剂麦角硫因，在烹饪过程中会释放出来。抗氧化剂有助于防止自由基的损害。在 93°C 的温度下烤蘑菇 10 分钟，可以保留大部分的黄酮类化合物，还能促进消化。

- **西红柿**：西红柿经过烹饪后，其有效抗氧化剂番茄红素的含量能增加50%，有助于预防心脏病和癌症。虽然烹饪西红柿也会使维生素 C 的含量减少29%，但番茄红素的总体增加带来的收益超过了这种损失。

- **胡萝卜**：烹饪后的胡萝卜比生胡萝卜含有更多的β-胡萝卜素，该物质能代谢成维生素 A，对免疫系统有益。

- **甜椒**：烹饪甜椒会破坏其细胞壁，使β-胡萝卜素、叶黄素等类胡萝卜素更容易被吸收。不过，和西红柿一样，烹饪甜椒也会损失其维生素 C 的含量。

- **四季豆**：烹饪四季豆可以提高它们的抗氧化剂含量。

- **西蓝花、菜花和抱子甘蓝**：烹饪这些蔬菜能激活黑芥子酶，从而让蔬菜中的抗癌物质更好地发挥作用。

挑食狗狗该如何过渡?

有些狗狗很快就能适应新食物,而有些则需要更长时间。以下几个策略可以帮助挑食的狗狗逐步适应新的饮食方式。

- **保持一致**:新食物要和过去的食物有类似的蛋白质来源。比如,如果你之前喂的是牛肉罐头和牛肉味的零食,可以先试着换成清蒸(炖)牛肉。

- **香气吸引**:最开始的时候先不要让狗狗吃生食,至少要把自制食物加热,这样能散发出诱人的香气,吸引狗狗来吃。当他们能接受新食物时,你就可以适度调整烹饪方式了。

- **偷偷换成新零食**:把现在吃的零食切成豌豆大小的块,给狗狗吃完第三块或第四块时,就给他吃一块新的零食。不断增加新零食,直到旧的零食全部吃完。之后就不要再买过去那些零食了,除非它们和你自制的零食一样健康。

- **不要让狗狗不停地吃东西**:如果你这一天总是不停地往食盆里添加食物(不限量,让狗狗随便吃),那从现在开始改变做法,狗狗一吃完就把食盆收起来。

- **限时进食**:请参阅第 36 页的"进食时间很重要",了解一下限时进食的好处。

- **计算热量**:请参阅第 158 页,明确你的宠物需要摄入的热量。根据你所喂的食物和食物量,计算出热量,然后根据书中给的标准调整食物量,之后每天保持这个量。如果过度喂食(总是让狗狗吃得过饱),狗狗就没有胃口尝试新食物了。

- **一次只改变一件事**:如果同时改变喂食时间、喂食量以及所喂的食物,会给狗狗带来太大压力。可以每次只调整一个变量,这样就可以随时追踪狗狗的反应。

- **坚持尝试**:如果狗狗不喜欢吃某样东西,别轻易放弃,可以多试几次。卡伦的狗狗荷马(Homer)用了三年时间才开始吃黄瓜。就像我们人类的味觉会发生变化,有一天我们会突然喜欢上小时候不爱吃的食物,动物也能接受各种各样的食物,这取决于他们需要什么以及何时需要。

要记住:如果发现狗狗有任何生理不适(比如腹泻)或行为异常(比如到晚上还不肯吃东西),就要放慢改变的速度。别给自己太大压力。改变要按照狗狗的身体和大脑能接受的节奏进行,你有足够的时间,慢慢来,坚持下去,随着时间的推移,这些改变会给狗狗带来巨大的健康收益。

治疗胃肠不适的方法

　　狗狗刚过渡到更健康的饮食习惯时有可能会胃肠不适，你可以放慢调整的速度，试试以下这些有科学依据的自然疗法。

- **滑榆皮粉：**以柔软、黏稠的滑榆内层的树皮制成。滑榆是广泛分布于北美的一种树，几个世纪以来，当地人一直用滑榆皮来缓解腹泻和胃肠道不适，许多研究也证实它能有效缓解人类的炎症性肠病。滑榆皮与水分结合后产生的黏液状物质，对肠黏膜、胃黏膜有舒缓、保护作用。建议每天分两次服用，每 4.5 千克体重喂食半茶匙，与清淡食物混合在一起吃。

- **药蜀葵根粉：**由多年生开花草本植物的根制成。这种粉末可以减少炎症、改善大便的成形度、防止胃溃疡。建议每天分两次服用，每 6.8 千克体重喂食 1/4 茶匙，与清淡食物混合在一起吃。

- **南瓜：**南瓜泥罐头或者蒸的 100% 纯南瓜泥（每 4.5 千克体重喂食一茶匙）都可以。南瓜富含益生元纤维，有助于缓解胃肠不适和腹泻、水便。

- **活性炭：**每 11.3 千克体重喂一粒胶囊。

大便测试：

　　观察狗狗的大便，就能判断出他们对新食物的适应程度。

- 狗狗的肠道适应得很好！现在开始可以每天增加 5% ~ 10% 的新食物了。

- 慢点调整，在狗狗的大便变硬之前不要再给他增加更多新食物。

- 如果狗狗吃了新食物后出现明显的消化不良，可以在他的食物中加入南瓜，帮助大便成形，然后再慢慢增加新食物。

进食时间很重要

狗狗什么时候吃东西和吃什么一样重要。狗狗的微生物组、激素、消化系统和大脑中的化学物质都会遵循他们的昼夜节律，所以要注意观察你的狗狗何时醒来，何时准备好吃东西。研究表明，在消耗同样多的热量的情况下，在 8 到 12 个小时之内进食的老鼠比整天都在进食的老鼠寿命更长。所以我们建议让狗狗在限定时间内摄入一天所需要的全部热量。

你可以给狗狗限定 6 到 8 小时的"进食时间"（在一天的进食时间外不吃东西），给猫设定 8 到 12 小时的"进食时间"，这样就能最大限度地启动他们的细胞自噬功能，在非进食时间内进行细胞的清洁和排毒。睡前两小时应停止进食，这样可以让身体有充足的时间从消化模式切换到细胞修复模式。你可以根据你家宠物的情况，每天喂食一次、两次或三次。

如果你的狗狗很健康，并且看上去不太饿，可以试着让他少吃一顿饭。在狗狗表现出非常想吃东西的欲望时再去喂他，并且要确保给他提供一天所需的足够热量（虽然少喂几顿，但每顿的分量要加大）。从生理角度来讲，狗狗是可以在一定时间之内禁食的。波比和达西偶尔也会少吃一顿饭，这样做并没有影响他们的长寿。有一项针对近 2.5 万只狗进行的重要研究显示，每天只喂一次的狗狗比较不容易患老年病，比如癌症、认知障碍、牙齿问题以及肾脏或泌尿系统疾病。

第二章

长寿食物

本章将会介绍我们最喜爱的长寿食物，之所以推荐它们，是因为它们富含生物利用率高的营养素。你可以把这些食物加入自制的正餐中，或者当作随身携带的宠物零食。

长寿食物：药用蘑菇

药用蘑菇功效强大，但经常被人们误解。它们含有对肠道有益的益生元纤维，还有能延长寿命的营养成分（包括多酚、谷胱甘肽、多胺和麦角硫因）以及能增强免疫力的 β-葡聚糖，是一种具有神奇功效的长寿食物，非常适合狗狗食用。

喂食建议：每天每 4.5 千克体重喂食 1 茶匙熟蘑菇。

从古希腊人到古罗马人，再到公元 1 世纪的秘鲁莫切人，蘑菇被用作药物已经有数千年的历史。据中国明代的《本草纲目》记载，香菇味甘、性平，有化痰理气、健脾开胃、治风破血之功效。然而在中世纪的某个时期，蘑菇开始受到质疑，可能是因为（正如我们现在所知）并非所有种类的蘑菇都可以食用，有些野生蘑菇有毒，（人和宠物）吃了之后会有生命危险。

我们觉得应该对这种既能治病又有可能致命的食物多一些了解。

一般来说，如果某种蘑菇对人类是安全的，那么它对其他动物（包括宠物）也是安全的。如果对人类有毒，那么对宠物也有毒。我们在这本书里说到的蘑菇，指的是可食用的、营养丰富的"药用"蘑菇或"功能性"蘑菇，是一种独特的具有安全性的真菌，以其营养成分之外的特殊的健康功能而闻名。药用蘑菇中含有一种被称为 β-葡聚糖的化合物，对健康极为有益，既可以用来做营养丰富的家常菜，也可以制成符合美国食品药品监督管理局标准的营养补剂。

药用蘑菇可以帮助我们适应和应对环境给身体和心理带来的压力，所以又被称为"适应原蘑菇"。值得庆幸的是，超市或农贸市场售卖的很多蘑菇中都含有我们最喜欢的适应原，可以用来做成各种类型的宠物食品，包括茶、汤、配菜，可以涂抹在舔食垫上、塞进漏食球里，还可以冷冻起来。蘑菇的食用方式，一切皆有可能！

科学研究一再证明，蘑菇具有排毒、保护细胞、提高免疫力、促进脑细胞生长等功效，对健康极为有益。其中一项研究显示，无论饮食习惯和生活习惯如何，每天食用蘑菇的人过早死亡的风险低于不食用蘑菇的人。蘑菇中含有多胺，这种有机化合物能够增强细胞自噬作用，就是把细胞垃圾回收，进行自我降解和重新利用的能力。其中一种多胺是亚精胺，它可以改善认知功能，保护神经细胞。蘑菇是亚精胺含量最高的食物，同时还富含谷胱甘肽——这是人体内重要的内源性抗氧化剂，能够保护细胞不受自由基的损伤，但随着年龄增长，人体内的谷胱甘肽水平会明显降低。麦角硫因是另一种抗氧化剂，有抗炎功效，能有效防止机体内发生氧化应激反应。谷胱甘肽和麦角硫因都被当今科学界称为"长寿维生素"。

药用蘑菇还可以对抗病毒和有害细菌、平衡血糖、预防炎症、改变肠道微生物组，促进健康。每天吃蘑菇的人（比如每天吃两个）和不吃蘑菇的人相比，患癌症的风险降低了45%。常吃蘑菇还能降低抑郁和焦虑的风险，对抗慢性炎症（尤其是慢性脑炎）。这是最关键的作用，因为慢性炎症会导致认知能力下降、心血管问题和器官衰竭，而这些都是损害健康、缩短寿命的主要因素。

把功效强大的蘑菇作为狗狗的核心长寿食物吧！

蘑菇喂食指南：

近年来，有些药用蘑菇在市场上变得非常受欢迎，包括香菇、火鸡尾蘑、舞菇、灵芝、白玉菇、平菇、虫草花和猴头菇，它们甚至被包装为"超级健康的美味蘑菇"。如果要给狗狗吃，选择那些在当地超市和农贸市场常见的蘑菇就可以，比如大啡菇、口蘑等。蘑菇有干的也有鲜的，还有做成蘑菇粉或补剂的，我们喜欢把蘑菇放在生黄油或椰子油里炒一下给狗狗吃，或者做成味道浓郁的蘑菇汤、蘑菇茶。把蘑菇汤冷冻起来，就是一款美味的补水冷食。

如果你买到的是干蘑菇，可以先在骨头汤或草本植物茶中泡发。不要让狗狗在后院吃野生蘑菇，如果不小心吃了，要赶紧带他去看急诊。

可以每次只给狗狗吃一种蘑菇，或者几种蘑菇混合搭配，做成零食和配菜，喂食量请参考第39页的建议。

药用蘑菇的适应特性和烹饪方法

　　下图中的蘑菇都是有益健康的药用蘑菇，但有些蘑菇可能很难找到，我们平时做饭的时候用那些常见的蘑菇就行，比如大啡菇、口蘑、牛肝菌、褐菇。

种类	功效	烹饪方法
灵芝 	● 降低皮质醇水平。 ● 含有140多种三萜类化合物（特别是灵芝酸A、赤芝酸A和甾醇），都是高度抗炎、抗菌和抗病毒的化合物，能调节免疫系统和对抗癌细胞。 ● 平衡血糖。 ● 富含β-葡聚糖，能够激发先天性免疫细胞的产生，这些细胞可以预防肿瘤。 ● 增强肝脏的解毒功能。	小蘑菇适合煎炸，但大蘑菇可能会很硬，可以放进水里煮，做成浓汤或茶。
白桦茸 	● 预防肝炎。 ● 抑制癌细胞的生长。 ● 富含抗氧化剂，包括三萜类、黑色素类、多糖、多酚和黄酮类化合物。 ● 预防和减轻过敏症状，提高整体免疫力。	通常用来做成补剂或粉。新鲜的白桦茸太硬，无法食用，需要放进水里煮，做成浓汤或茶。
猴头菇（又叫狮鬃菇） 	● 改善认知障碍。 ● 有助于神经元生长。 ● 刺激神经生长因子的分泌，从而促进神经细胞的生长和分化。 ● 调节情绪。 ● 改善老年犬的肠道菌群。 ● 含有多糖和多肽类物质，能够抗衰老。	可以煮熟吃或者生吃，味道尝起来有点像海鲜。

种类	功效	烹饪方法
云芝 	• 抑制血管肉瘤（一种恶性肿瘤）的生长。 • 含有益生元纤维，能改善微生物组。 • 抑制某些细胞因子的产生，从而减少炎症。	适合水煮后做成茶或汤，也可以冷冻或者烘干。
舞菇（学名灰树花） 	• 含有多糖体D馏分（d-fraction），能有效对抗肿瘤，提高免疫力。 • 含有β-葡聚糖，能调节肠道菌群平衡。 • 含有α-葡聚糖，对葡萄糖和胰岛素的代谢有积极影响。	非常适合炒或煮。
平菇 	• 平菇中分离出来的一种生物活性物质对肺部健康有益。 • 含有酚类物质，能降血压。 • 能够抑制乳腺肿瘤和结肠肿瘤细胞的生长。 • 提高免疫力。	油炸后会变得金黄酥脆。
香菇 	• 含有生物活性物质香菇多糖，具有抗病毒、抗肿瘤、调节免疫功能等作用。 • 含有麦角硫因，具有抗氧化和抗炎的双重作用。	适合猛火快炒。比较多见的是干香菇。

种类	功效	烹饪方法
褐菇或口蘑 	• 富含蛋白质。 • 含有多糖，能促进胰岛素的合成。含有丰富的粗纤维，能改善肠道健康。	煎、炒都可以，也可以做成脱水口蘑干。
大啡菇 	• 比香蕉的钾含量更高。 • 有助于预防神经系统变性疾病。	煎、炒都可以，也可以做成脱水蘑菇干。
桂木菌 	• 含有多糖，能减少炎症。 • 含有β-葡聚糖，能降低胆固醇。	生长在树桩和根部。非常适合猛火快炒。
姬松茸 	• 能够抑制乳腺肿瘤和结肠肿瘤细胞的生长。 • 含有洛伐他汀，能降血脂。	适合做成汤或炖菜，也适合猛火快炒。

种类	功效	烹饪方法
滑子菇 	<ul><li>抗菌，抗寄生虫。</li><li>抗癌。</li><li>保护心脏。</li></ul>	味道微苦，烹饪后能去除苦味。
虫草花 	<ul><li>增加体内ATP（腺苷三磷酸，一种高能化合物）的合成。</li><li>改变代谢途径，维护肠道、心脏和肾脏健康。</li><li>调控基因表达，具有抗衰老作用。</li><li>含有免疫系统的调节剂——多糖、环脂肽与核苷，具有抗氧化、抗肿瘤、抗炎抗菌、抗过敏、抗病毒等功效。</li></ul>	通常用来制作成补剂和粉，鲜虫草可以煮熟后食用。

白桦茸，一种奇怪的蘑菇：

    白桦茸看起来一点都不像蘑菇，它是寄生在白桦树上的药用真菌，外形很像木炭或树皮。白桦茸以抗癌的功效著称，能够减轻肝脏的炎症反应，从而起到抑制肝损伤的作用，甚至还能抑制患膀胱癌的狗狗的肿瘤生长。你可以买整块的白桦茸，放到骨头汤里煮，或者买白桦茸酊剂、粉，用来泡茶。

其实它们都是同一种蘑菇：

　　褐菇和口蘑是同一种蘑菇，只是颜色不一样，一个是棕色，一个是白色。褐菇和大啡菇也是同一种蘑菇，都是双孢蘑菇，褐菇长大、长开了就是大啡菇——由于生长时间长，它的味道更浓郁，汁水更丰富。

蘑菇食用指南

如何才能既提高蘑菇的营养价值，又节省时间和金钱？请参考以下建议：

- **增加维生素 D 的含量**：蘑菇富含维生素 D_2（麦角钙化醇），它在狗狗体内与维生素 D_3（胆钙化醇）具有同样的生物活性（但对猫无效）。要想增加蘑菇中维生素 D 的含量，可以将其清洗后放在阳光下晒 15 分钟以上，晒的时候要把菌盖朝下，露出菌褶。这样做可以让蘑菇中的维生素 D 含量大大增加，晒 8 个小时后，维生素 D 含量可以增至 1150 倍。

- **不要扔掉菌柄**：菌柄含有的生物活性纤维（有助于狗狗消化）和 β- 葡聚糖（具有抗炎、抗肿瘤、抗氧化、调节免疫系统、维持免疫平衡等功效）是菌盖的两倍。你可以去菜市场问问摊主是否卖菌柄，他们通常会切下来低价卖给你。

- **蘑菇的烹饪方式**：研究显示，用烧烤的方式或者用微波炉处理蘑菇，蘑菇的多酚成分和抗氧化剂成分会显著增加，并且其他的营养成分没有明显的损失。对于狗狗来说，最健康的烹饪方式是水煮：把蘑菇切成合适的大小，放入汤锅，然后加入足量的浓汤、茶或过滤水，小火煨煮，煮至变软。挑食的狗狗可能更喜欢用椰子油或生黄油炒的蘑菇。

- **快速切片**：可以使用鸡蛋切片器，它尤其适合切口蘑。

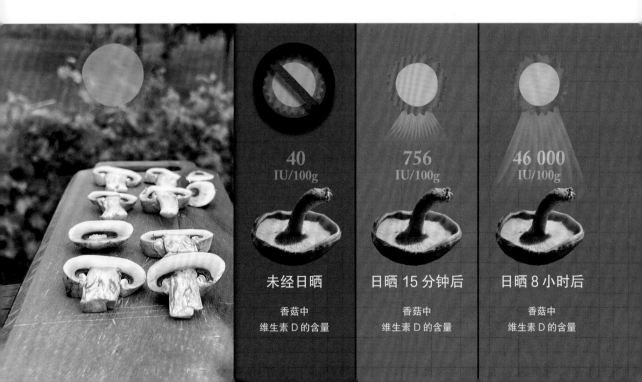

40 IU/100g	756 IU/100g	46 000 IU/100g
未经日晒	**日晒 15 分钟后**	**日晒 8 小时后**
香菇中维生素 D 的含量	香菇中维生素 D 的含量	香菇中维生素 D 的含量

长寿食物：鸡蛋

对于狗狗来说，鸡蛋是最有营养的零食。它是优质蛋白质的最佳来源，几乎含有宠物所需的所有必需氨基酸、维生素和矿物质。鸡蛋中含有重要的抗氧化剂，胆碱含量（251mg/100g）是其他食物的两倍。可以说，鸡蛋就是天然的复合维生素！

喂食建议：每4.5千克体重喂食半个鸡蛋，每周三次。

在远古时代，人们发现如果从鸡窝里拿走新鲜的鸡蛋，母鸡就会继续下蛋。据史料记载，古印度人在公元前3200年开始驯养家禽，埃及人在公元前1400年开始将鸡蛋作为食物。而更早的时候，犬类就已经发现鸡蛋是既美味又营养的食物。就像他们的祖先狼一样，古代那些未经驯化的犬类寻找食物时，会吃掉小鸟以及鸟巢中的鸟蛋。到了中世纪时期，犬类被视为伴侣动物，主人会给他们喂碎肉吃，当他们生病时，主人会给他们吃营养更丰富的食物，比如生黄油炒蛋。

鸡蛋中含有狗狗肌肉生长和再生所需的十种必需氨基酸——还有牛磺酸，这是猫咪需要的重要营养，但自身无法合成，基本全靠食物补充。鸡蛋富含抗氧化剂，尤其是叶黄素和玉米黄质，能保护眼睛，避免受到年龄相关性眼病（如白内障）的损害。鸡蛋中的叶黄素和玉米黄质可能比植物源的抗氧化剂更容易吸收。鸡蛋还是天然的胆碱来源，这种营养素对神经递质乙酰胆碱的产生至关重要。乙酰胆碱可以促进脑发育、增强记忆力，甚至有可能帮助治疗和预防"犬类

解剖鸡蛋：

蛋黄和蛋清中的蛋白质含量几乎一样多，虽然蛋黄的热量更高，但它含有更多的胆碱，胆碱是构建细胞膜的成分，能够促进脑部发育和神经递质的产生。

蛋黄边缘的白色絮状物叫作"蛋黄韧带"（chalazae），营养价值丰富，鸡蛋越新鲜，韧带就越明显。如果你发现鸡蛋里有血点，不必惊慌，这些血点是卵黄形成时，母鸡的毛细血管破裂造成的，不会影响食用。

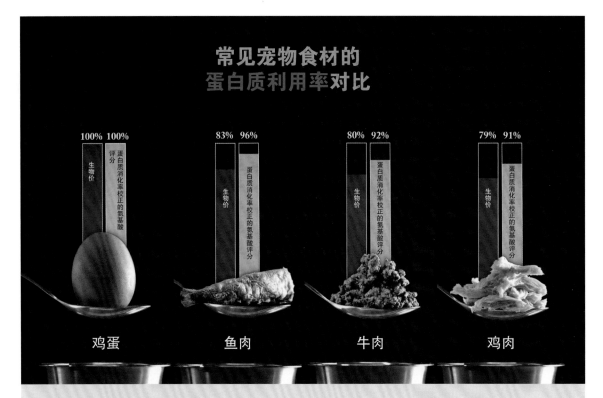

常见宠物食材的
蛋白质利用率对比

鸡蛋	鱼肉	牛肉	鸡肉
100% 100%	83% 96%	80% 92%	79% 91%

鸡蛋在蛋白质利用率比赛中胜出：

有这样几个指标可以用来衡量蛋白质利用率，包括：

- **生物价**：指每 100 克食物来源蛋白质转化成人体蛋白质的质量。它由必需氨基酸的绝对质量、必需氨基酸所占比重、必需氨基酸与非必需氨基酸的比例、蛋白质的消化率和可利用率共同决定。生物价的数值越高，表明蛋白质被机体利用的程度越高，最大值为 100%。如果百分比较低，则表明蛋白质中可能缺乏人体所需的必需氨基酸。

- **蛋白质消化率校正的氨基酸评分**：这是蛋白质质量的一种评价指标，通过衡量蛋白质的消化率及其是否能够满足人体的氨基酸需求，对不同的蛋白质进行评分。动物蛋白得分较高，而植物蛋白得分低一些。

与鸡肉、牛肉和鱼肉相比，鸡蛋显然更胜一筹！

痴呆"。胆碱水平低可能与肝脏疾病有关。胆碱能促进 DNA 合成、脂肪代谢、肌肉健康，对细胞膜的构成至关重要。虽然大多数商业宠物食品中都添加了胆碱补剂，但在加工、处理或冷冻的过程中还是会流失大量胆碱。综合来看，鸡蛋是最理想的胆碱来源！

为了最大限度地获取营养，请尽量选择林地散养鸡产的鸡蛋。林地散养能让母鸡充分运动，更加健康、快乐地成长，还能使其产的鸡蛋营养价值增加，比如类胡萝卜素（包括 β - 胡萝卜素和叶黄素）含量增加 100 倍，ω - 3 脂肪酸和维生素 E 的含量也更高。你可以参考第 48 页的喂食建议，将鸡蛋作为配菜、零食或正餐的一部分喂给狗狗吃。他们的大脑、骨骼、肌肉、器官和味蕾都会感谢你。

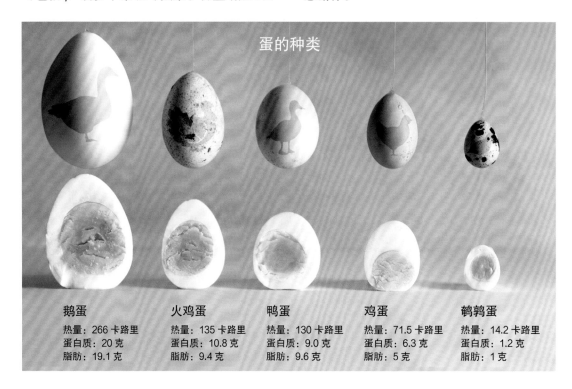

蛋的种类

鹅蛋	火鸡蛋	鸭蛋	鸡蛋	鹌鹑蛋
热量：266 卡路里	热量：135 卡路里	热量：130 卡路里	热量：71.5 卡路里	热量：14.2 卡路里
蛋白质：20 克	蛋白质：10.8 克	蛋白质：9.0 克	蛋白质：6.3 克	蛋白质：1.2 克
脂肪：19.1 克	脂肪：9.4 克	脂肪：9.6 克	脂肪：5 克	脂肪：1 克

生吃还是熟吃？

过去的野狗都是吃生鸡蛋，我们偶尔也会给狗狗吃生鸡蛋，因为生鸡蛋中的 ω - 3 脂肪酸、胆碱、维生素 D、DHA、生物素和锌比熟鸡蛋多 20% ~ 33%。研究还发现，烹饪会使鸡蛋中的维生素 A 含量降低 17% ~ 20%，使某些抗氧化剂的含量降低 6% ~ 18%。

很多人认为不能吃生鸡蛋，因为生鸡蛋中的沙门氏菌会引起食物中毒。其实狗狗的消化系统和人类相比，抵抗某些细菌的能力要更强一些。还有人担心蛋清中含有一种叫作亲和素的蛋白质，生吃会干扰生物素的吸收。好在鸡蛋中含有大量的生物素，可以弥补因为亲和素而产生的损失。

如果你想给狗狗吃煮熟的鸡蛋，建议尽量缩短煮的时间。我们喜欢把鸡蛋煮到半熟，也

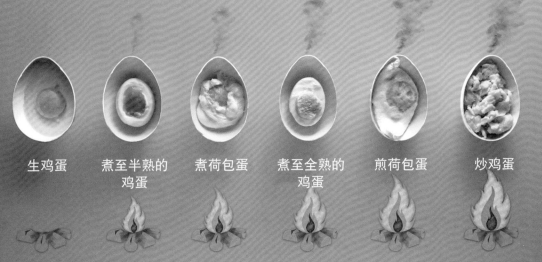

生鸡蛋　　煮至半熟的　　煮荷包蛋　　煮至全熟的　　煎荷包蛋　　炒鸡蛋
　　　　　　鸡蛋　　　　　　　　　　　鸡蛋

就是我们平常说的溏心蛋（煮蛋时间减半，让蛋黄保留一点液体状态，前提是选用无菌鸡蛋）。水煮蛋有蛋壳保护，在煮的过程中营养流失比较少，而且经过加热后，可以破坏蛋清中的亲和素，不会再妨碍生物素的吸收。水煮还能保留鸡蛋中80%以上的维生素D（相比之下，用烤箱烤鸡蛋40分钟会损失61%的维生素D）。

蛋壳粉

　　蛋壳中富含大约800毫克的碳酸钙！蛋壳内的软膜含有丰富的胶原蛋白、弹性蛋白、蛋白质、透明质酸、氨基葡萄糖和软骨素，能够促进关节健康。补充蛋壳软膜已被证明能减少72.5%的关节疼痛。蛋壳粉很容易制作，做好后可以添加到狗狗的自制食物中（如果你买的商业宠物食品是含钙的，那就不必添加了）。

1. 预热烤箱至150℃。
2. 用冷水冲洗蛋壳。
3. 将蛋壳放入烤箱中。
4. 烘烤5～7分钟或直到把蛋壳烘干。

5. 蛋壳冷却后，用搅拌器、食品加工机或咖啡机研磨成粉。
6. 将蛋壳粉储存到密封容器中，置于阴凉干燥处，可保存两个月（我们推荐放在冰箱里冷藏保存）。

鸡蛋的存放

　　如果不是你自家养的鸡刚下的蛋，就一定要把鸡蛋存放到冰箱里。生鸡蛋可以在冰箱里保存 3 到 5 周，煮熟的鸡蛋可以冷藏保存 1 周，冷冻保存 1 年。不过不要用塑料膜把鸡蛋包起来，这会让干扰内分泌的化学物质渗透到食物中。

　　生鸡蛋可以冷藏保存一个月，我们喜欢把蛋壳敲碎，把蛋液倒进马芬蛋糕烤模里，然后冷藏起来备用。

新鲜度测试：

　　蛋壳上有 17 000 多个小孔，随着时间推移，鸡蛋内部的水分会通过小孔流失，空气也会通过小孔进入气室。所以，放置时间很久的鸡蛋会浮在水面上，而新鲜鸡蛋会沉到碗底。如果只凭蛋清判断新鲜度，可能会不准确，时间久了的鸡蛋蛋清也可能是清澈透明的，而新鲜鸡蛋的蛋清也有混浊的。最靠谱的测试办法是闻一闻：把蛋壳敲碎后，如果蛋液闻起来是臭的，那就赶快扔掉吧！

散养鸡产的鸡蛋与养殖鸡产的鸡蛋：

　　这两种鸡蛋的区别体现在蛋黄上。

  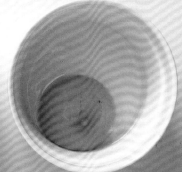

淡黄色的蛋黄：
母鸡吃的是用大麦和小麦
做的鸡饲料。

中等黄色的蛋黄：
母鸡吃的是用干苜蓿和
玉米面做的鸡饲料。

深黄色的蛋黄：
母鸡吃的是有生命的、
含丰富酵素的食物（living foods），
包括含有一系列健康
植物色素的绿色蔬菜。

长寿食物：沙丁鱼（以及其他小鱼）

沙丁鱼富含蛋白质、维生素 D 和维生素 B_{12}，是 ω-3 脂肪酸的天然来源。沙丁鱼中的辅酶 Q_{10}（被称为心脏保护神）含量极高，是必不可少的长寿食物。

喂食建议： 每 9 千克体重喂食一条新鲜沙丁鱼或两条罐头装沙丁鱼（通常比新鲜沙丁鱼小），每周两到三次。

我们能从狗的粪便中得到很多启示。在斯洛文尼亚发现的 5000 年前的狗的粪便中，检测到了鱼的痕迹；在阿拉斯加的永久冻土层中发现的 300 年前的狗的粪便证明，人们当时给雪橇犬吃的是王鲑、红鲑和银鲑。这两个发现表明，那时的狗狗的饮食习惯与人类比较接近。显然，狗狗从几千年前就开始吃鱼了，而且还一直和人类共享。

鱼对宠物的身体健康极为有益，而沙丁鱼是我们最喜欢的长寿食物之一。

沙丁鱼的名字来源于撒丁岛，这是意大利的"蓝色地带"，岛上的百岁老人所占比例是全世界最高的。这个名字很适合它们，因为这些小鱼掌握着人类和宠物的长寿密码。沙丁鱼含有丰富的 ω-3 脂肪酸 EPA 和 DHA，可以减少炎症、预防和对抗癌症，还能治疗狗和猫的皮肤过敏、毛发问题、干眼症、心脏瓣膜病和骨关节炎。增加 DHA

和 EPA 的摄入量可以防止心脏细胞的 DNA 受损，而健康、未受损的细胞是长寿的标志之一。DHA 还能改善老年犬（猫）的认知能力、减少炎症标志物、保护肾脏。沙丁鱼是地球上最丰富的辅酶 Q_{10} 来源之一。辅酶 Q_{10} 是线粒体内一种重要的辅酶，类似于维生素，有助于心肌细胞产生能量，减轻心脏损伤。最近的一项研究表明，辅酶 Q_{10} 能延长寿命。还有一项研究表明，服用辅酶 Q_{10} 的人不仅寿命更长，而且生活质量更好，住院时间更短。

此外，食肉动物的肌肉、结缔组织、毛发、关节和指甲都需要蛋白质的滋养，而一条沙丁鱼就能提供高达 4 克的蛋白质，对于常吃干狗粮的狗狗、肌肉萎缩的老年犬、活动量大的狗狗来说，沙丁鱼是他们的绝佳补品。

虾

牛磺酸 31 毫克 /100 克

EPA+DHA 61 毫克 /100 克

生蚝

牛磺酸 69.8 毫克 /100 克

EPA+DHA 688 毫克 /100 克

贻贝

牛磺酸 665 毫克 /100 克

EPA+DHA 441 毫克 /100 克

扇贝

牛磺酸 827 毫克 /100 克

EPA+DHA 150 毫克 /100 克

沙丁鱼

牛磺酸 147 毫克 /100 克

EPA+DHA 2760 毫克 /100 克

鲱鱼

牛磺酸 154.4 毫克 /100 克

EPA+DHA 1571 毫克 /100 克

马鲛鱼

牛磺酸 207 毫克 /100 克

EPA+DHA 2298 毫克 /100 克

三文鱼

牛磺酸 130 毫克 /100 克

EPA+DHA 1962 毫克 /100 克

试试其他小鱼：

　　沙丁鱼确实是极佳的长寿食物，此外也有许多其他类型的小鱼和贝类能提供有益健康的 DHA、EPA 和牛磺酸，因为它们的毒素很少，我们称它们为"纯净鱼"。可以试试没有腌制过的凤尾鱼（没有添加盐）、胡瓜鱼、鲱鱼、米诺鱼、贻贝、虾等。一项研究发现，每周至少吃两次鱼（而不是过去两年从未吃过鱼）的人，各种疾病的病死率能减少 42%! 对人类有益的东西对宠物也有益，所以多给你的毛孩子喂点鱼吃吧。

沙丁鱼 vs. 鱼油补剂：

　　补充鱼油对身体有一定的好处，但相比较而言，鱼油不能像沙丁鱼一样有效地预防心血管疾病，包括中风、心脏病和心律不齐。在制作鱼油补剂的过程中会使用溶剂分提法脱脂，并且进行高温处理，这可能会氧化鱼油中的脂肪酸并产生有害的副产品。

吃新鲜的鱼还是鱼罐头？

如果条件允许，我们建议给狗狗吃新鲜的沙丁鱼。不过，沙丁鱼罐头也对健康有益，只要选水浸的就行（不要选用盐腌制的）。

此外，还要注意一些细节上的差异。如果要买沙丁鱼罐头，记得要找那种标明"不含双酚 A"的（罐头内加双酚 A 是为了防腐蚀，但它同时会产生内分泌干扰物）。在吃沙丁鱼罐头之前要清洗一下，以去除多余的盐。最后要注意的是，罐头装的沙丁鱼的骨头已经软化，易弯曲，对大多数狗狗来说不会有窒息的风险。但如果你是烹饪新鲜沙丁鱼，或者很担心鱼骨头的问题，可以先把鱼肉捣碎，然后挑出鱼骨，再给狗狗吃。

沙丁鱼罐头	新鲜的沙丁鱼

各大超市都有售卖。	超市可能买不到。
罐头食品需要经过高温加热，这会导致维生素和矿物质的流失（维生素B_1减少75%，维生素B_2减少51%，维生素B_3减少34%，维生素B_6减少50%，维生素B_{12}减少38%）。	未经高温加热。
可能会添加盐。	没有加盐。

重金属污染问题

金枪鱼和旗鱼等大型鱼会有重金属污染的问题，汞含量较高，而沙丁鱼和一些小型鱼类生命周期很短，不会像大型鱼那样体内累积很多有害物质。沙丁鱼以浮游生物为食，它们的汞含量是所有鱼类中最低的，不会对狗狗的心血管、神经系统、胃肠道和肾脏造成损伤。在购买海鲜时，要选择可靠的销售渠道，避免购买来源不明的海产品。

长寿食物：蒲公英

　　判断一种植物是杂草还是花，取决于你的视角。在我们看来，蒲公英是地球上最伟大的花！它们富含对肠胃有益的益生元纤维，以及可以清除肝脏毒素、保持血液健康、预防炎症、帮助控制糖尿病等慢性疾病的多酚。蒲公英也是一种强效外用药，能促进伤口愈合，治疗狗狗的脚掌干裂。

喂食建议：
干的根、叶子和花：每 4.5 千克体重喂食 1/4 茶匙
新鲜的根、叶子和花：每 4.5 千克体重喂食 1/2 茶匙
每天两次，加到正餐中食用。

　　狗狗在田野和草地上漫步的时候，看到蒲公英就会吃。蒲公英最早广泛分布在欧亚大陆，欧洲的蒲公英主要是"药用蒲公英"，学名 Taraxacum officinale。据历史学家推测，这种药用蒲公英的灰色种子随着第一批探险者的船来到了美洲。探险者定居下来之后，开始种植蒲公英，把它当作食物食用，还制成了药物。

　　狗狗似乎天生就知道蒲公英的黄金价值。在咀嚼蒲公英开出的黄色小花时，他们摄入了大量卵磷脂（有助于提高记忆力、增强免疫力和细胞功能）、多酚（预防炎症）和抗氧化剂（保护细胞）。他们还很喜欢吃蒲公英的叶子——富含维生素 C 和维生素 K 以及钾离子（有助于平衡电解质，促进体内水盐平衡），还能通过促成胆汁分泌和血液循环来保护肝脏。

　　蒲公英最重要的营养功能之一是修复微生物组。有一种对狗和猫都极为有益的细菌是嗜黏蛋白阿克曼菌，它能保护肠道壁，从而预防腹泻和肠易激综合征，还可以防止肥胖。细菌也需要吸收营养物质，嗜黏蛋白阿克曼菌就喜欢大量摄取蒲公英中富含的两种益生元：低聚果糖和菊粉。

美味可口、营养丰富的蒲公英

　　蒲公英的所有部分都是可食用的。让狗狗在春天的草坪上尽情吃蒲公英吧，但确保草坪没有喷洒农药和其他化学品。你也可以从超市或农贸市场购买蒲公英，清洗后晾干，炒着吃和生吃都可以，或者根据狗狗喜欢的口味做好加到正餐里。

　　根据营养学家的说法，蒲公英是世界上最有营养的五种植物之一。与西蓝花、菠菜和胡萝卜相比（这是商业宠物食品中使用率排名前三的蔬菜），蒲公英含有更多的维生素 E、维生素 K、维生素 B_1、维生素 B_6、胆碱、钙和铁，而且可以免费食用，因为它们的身影几乎随处可见。

蒲公英外敷的功效：

　　蒲公英外敷有强大的功效，能够消肿、止痛、促进伤口愈合，用蒲公英制成的药膏和药油可以治疗狗狗的脚掌干裂、热斑，还可以清洁耳道。在第 270 页有药膏、药油的配方介绍。

花

咖啡酸：抗氧化，免疫刺激

菊苣酸：降血糖，免疫刺激

绿原酸：抗氧化，免疫刺激

金圣草素：抗癌，抗炎，抗菌，抗真菌，神经保护

木犀草苷：抗氧化

叶含咖啡酰酒石酸：抗氧化

叶子

香树醇酯：抗炎，抗氧化

谷甾醇：抗炎

菊苣酸：降血糖，免疫刺激

叶含咖啡酰酒石酸：抗氧化

槲皮苷：抗氧化

倍半萜内酯：抗炎，抗菌

豆甾醇：抗肿瘤

根

11β，13-二氢山莴苣素：抗炎

咖啡酸：抗氧化，免疫刺激

菊苣酸：降血糖，免疫刺激

伊克瑟林化合物[1]：抗炎，抗菌

叶含咖啡酰酒石酸：抗氧化

蒲公英甾醇：抗炎，降血糖

蒲公英内酯 β-D-葡萄糖苷：抗炎，抗菌，降血脂

蒲公英酸 β-D-葡萄糖苷：抗炎，抗菌

β-四氢日登内酯：抗炎，抗菌

---

1 英文名称为 Ixerin E，暂无中文译名，"伊克瑟林"为音译。——编者注

花

功效：	富含抗氧化剂，有强大的抗菌、抗炎的功效。
采摘时间：	要在花朵开放时采摘，不要在种子刚成熟还是毛茸茸的时候采摘。
烹饪方法：	在热水中焯烫 1 分钟，以去除苦味。
储存方法：	彻底清洗，晾干，然后存放到冰箱中。放在密封容器中可以冷冻保存 2 ~ 3 个月，脱水处理后置于阴凉干燥处可以保存 3 个月。

叶子

功效：	富含维生素和矿物质，有利尿的作用，能够促进消化。
采摘时间：	要在花朵开放前采摘叶子。开花后的叶子可能会太苦。
烹饪方法：	在热水中焯烫 1 分钟以去除苦味。叶子生吃也可以，我们喜欢把叶子剁碎，作为配菜加到狗狗的正餐里。
储存方法：	彻底清洗，晾干，然后冷冻起来或脱水处理。如果你打算在 2 ~ 3 天内吃完，就把叶子放进密封容器中冷藏。

根

功效：	对胃和肝脏有益，也是强效的利尿剂。
采摘时间：	等到秋天再采摘。
烹饪方法：	清洗干净，可以用来泡水喝，或者煮至变软后整根（或切碎）喂给狗狗吃。
储存方法：	清洗干净后放入密封容器中冷藏，或者进行脱水处理，能保存 3 个月。

长寿食物：芽苗菜和草本植物

芽苗菜口感爽脆，营养丰富，富含有益于肠道的营养成分。它们虽然身量小，却有着极大的作用。草本植物也是如此，虽然只有那么一点点大，却能给狗狗的食物增添很多营养价值。如果你家有院子，可以试着自己种点芽苗菜和草本植物。它们可以说是万能食品，既美味可口，又能起到治疗疾病的作用。你会在后面的许多食谱中看到芽苗菜和草本植物，它们对健康有益，体积又很小，可以随时抓上一把加到正餐、零食中，或者放到舔食垫上。

喂食建议：狗狗每4.5千克体重喂食1茶匙切碎的芽苗菜。猫每天喂食半茶匙。

芽苗菜

利用植物种子或其他营养贮存器皿，在黑暗或弱光条件下直接生长出可供食用的芽、芽苗、芽球、幼梢或幼茎，它们均可称为芽苗类蔬菜，简称芽苗菜，属于十字花科蔬菜，有抗癌、抗炎的作用。和成熟后的蔬菜相比，芽苗菜含有更多的维生素、矿物质、纤维和植物化学物。例如，和西蓝花相比，西蓝花芽苗的萝卜硫素含量要高出50到100倍。发芽的芽苗菜能使维生素 A 的前体胡萝卜素、维生素 B、维生素 C 和维生素 E 的含量增加20%至90倍。每天吃一点芽苗菜可以在两个月内减轻炎症反应。

西蓝花

功效：
- 富含膳食纤维、维生素C、萝卜硫苷和萝卜硫素。
- 抗癌、消炎，对于致癌物、重金属、美拉德反应产物（大多数宠物食品在加工过程中，蛋白质和酶发生非酶促反应，会产生一些有害物质）和真菌毒素有一定的解毒作用。

特别提示：
- 给狗狗吃西蓝花芽能增加他们血液中的萝卜硫素含量，有助于白细胞对抗癌症。

芝麻菜

功效：
- 富含β-胡萝卜素等抗氧化物质。

特别提示：
- 味道微辣，挑食的狗狗可能不太喜欢。
- 芝麻菜被归类为微型蔬菜，而不是芽苗菜（可参阅第68页关于微型蔬菜的介绍）。

罗勒

功效：
- 含有胆碱、叶绿素、氨基酸和多酚。
- 促进肠道健康，减少炎症，抗菌。

特别提示：
- 罗勒被归类为微型蔬菜，而不是芽苗菜（可参阅第68页关于微型蔬菜的介绍）。

向日葵

功效：
- 含有叶绿素、维生素E、硒、锌和锰。
- 促进眼睛健康，减少年龄相关性眼疾。

特别提示：
- 狗狗喜欢这种坚果味道。

功效：
- 富含花青素苷、叶酸、维生素 C 和维生素 E 以及 L - 谷氨酰胺。
- 预防癌症，促进眼睛健康，减少胃肠道炎症。

特别提示：
- 如果你的狗狗不习惯生吃紫甘蓝，可以煮熟后先少量喂食，等他们的肠道适应后再慢慢加量。直到他们的身体能接受生的紫甘蓝，吃了以后不会胀气，这个时候再试着减少烹饪时间。

功效：
- 含有维生素 C、维生素 B 族、叶酸。
- 促进心血管健康，分解致癌物。

特别提示：
- 稍微有点辣，挑食的狗狗可能不喜欢。

功效：
- 含有抗氧化剂 β - 胡萝卜素、玉米黄质和叶黄素。
- 被美国疾病预防控制中心认定为"强效蔬菜"，能降低患慢性疾病的风险。

特别提示：
- 100% 高密度营养！
- 豆瓣菜被归类为微型蔬菜，而不是芽苗菜（可参阅第 68 页关于微型蔬菜的介绍）。

功效：
- 富含植物化学物和抗氧化剂白藜芦醇。（其含量比红酒多 100 倍！）
- 抗炎，抗癌。

特别提示：
- 可以用去壳的整颗生花生来发芽。花生芽大大降低了脂肪含量，非常适合作为训练狗狗时的零食奖励。

如何培育芽苗?

你需要准备:

用来发芽的种子

量匙

2 升的玻璃罐

消毒剂或苹果醋(任选其一)

纱布和橡皮筋或带内置纱网的专用发芽盖(任选其一)

1. 往玻璃罐里放入 1 ~ 7 汤匙发芽种子(每汤匙种子大约能发出 1 杯芽)。

2. 往玻璃罐里倒入过滤水,水面没过种子 2.5 厘米。

3. (可选项,这一步可以省略)加入消毒剂(1 汤匙苹果醋),静置 10 分钟,然后用过滤水冲洗干净。(我们最多会冲洗 7 次。)

4. 如果消毒了,要再次加入过滤水,水面没过种子 2.5 厘米。

5. 把种子浸泡 8 小时或一整夜。

6. 8 小时后,把玻璃罐里的水倒掉,盖上带滤网的盖子,然后通过滤网加入过滤水,摇晃玻璃罐,冲洗种子。再次把水倒掉,并将罐子斜放,把剩余的水分全部沥干。

7. 每天至少冲洗和沥干种子两次,持续 3 ~ 5 天。

8. 当种子已经发芽并长到 2.5 厘米左右时(通常是第 3 天或第 4 天),把玻璃罐放在阳光充足的窗台上。你将会看到芽苗慢慢变绿!

9. 冲洗玻璃罐中的芽苗,去除种皮,然后彻底沥干水分。

10. 把芽苗放入冰箱冷藏,需要在 5 天内吃完。

11. 把芽苗切碎,加到狗狗的正餐中,能引发酶促反应,产生更多的抗癌化合物萝卜硫素。

给种子消毒：

  所有的种子和花生都容易受到霉菌污染，所以在你培育芽苗时会遇到真菌毒素的问题。在发芽前用苹果醋给种子消毒，已被证明可以显著减少真菌的生长（而且不会影响种子的质量）。

芽苗菜和晚期糖基化终末产物

有研究表明，芽苗菜（特别是西蓝花芽苗）中的萝卜硫素能有效去除加工狗粮中大量存在的重金属和真菌毒素。这也是芽苗菜最重要的功效：和其他食物相比，它们能最大限度地去除晚期糖基化终末产物（advanced glycation end products，简称 AGEs）。

只要有一定的温度，并且葡萄糖和蛋白质同时存在，糖基化就会发生。这是一种在我们身体内外都会发生的化学反应。当它发生在体内时，会导致人类和犬类的过早衰老和炎症。除此之外，糖基化也会在食品加工过程中发生，被称为美拉德反应，最终产生 AGEs 这样的化学物质。当我们体内累积了过多的 AGEs 时，会引发各种健康问题，如慢性炎症、氧化应激、组织修复缓慢、心脏和胰腺损伤以及认知障碍。

在宠物食品加工过程中经常会发生糖基化反应，随着加热温度的升高，食品中产生的 AGEs 的数量急剧增加。罐头和宠物干粮中的 AGEs 含量最高，生骨肉因为没有经过加热处理，所以 AGEs 含量最少。一项研究发现，狗狗在日常饮食中摄入的 AGEs 比人类平均摄入量高出 122 倍。

为了减少宠物饮食中的 AGEs，要远离超加工的宠物食品，在低温下炖煮食物（推荐使用电炖锅），并尽可能缩短烹饪时间。此外，芽苗菜中的萝卜硫素能激活酶，在狗狗的正餐中加入西蓝花芽等，可以保护他们的细胞免受 AGEs 的损害。所以，无论你给狗狗喂什么类型的食物，都可以加入一些芽苗菜。

芽苗菜 vs. 微型蔬菜：

　　两者经常会被搞混，但它们是有区别的。芽苗是种子发芽后在水中长成的幼苗，不到一周就能收获。微型蔬菜在土壤中生长，而不是水中，是处于生长初期的植物，高度在 2 到 8 厘米之间，所以叫"微型蔬菜"，它们的收获期需要 2 到 3 周。

草本植物和香料

　　公元前 2800 年的古埃及莎草纸文献中首次记录了人类使用药草进行医学治疗，其实埃及人很早就把草本植物用于医疗、美容、木乃伊和宗教仪式了。狗狗似乎也知道草本植物的妙用，在户外活动的时候，我们经常能看到狗狗大口大口地吃那些对健康有益的草本植物。

　　通过了解狗狗喜欢、讨厌哪些草本植物和香料，就可以了解他们的饮食偏好。不过要记住，口味偏好会随着时间不断变化。和人类一样，有些动物喜欢香菜，有些就很讨厌香菜。如果要给狗狗吃，可以买那种有机种植的草本植物，注意检查一下保质期。当你往肉丸上撒上一小撮香草，或者在舔食垫上涂抹一些原味酸奶、欧芝挞奶酪、茅屋奶酪时，你会发现你的狗狗要么无比激动，要么因为无法接受新味道而厌恶地跑开。这种尝试是值得的，不仅可以让狗狗的饮食更加多样化，还能给他们带来更多的健康益处。

　　喂食建议：如果是干的草本植物，每天每 4.5 千克体重喂调料瓶抖一下的量（a shake）；如果是新鲜的草本植物，每天每 4.5 千克体重喂食 1/4 茶匙。

混合的好处：

　　把几种草本植物混合到一起吃对肠道有益。在我们的日常饮食中加入 1/8 茶匙到 1.5 茶匙的各种草本植物和香料，已被证明可以增加肠道菌群的多样性，尤其是瘤胃菌科细菌——这是一种"好细菌"，有助于肠道（特别是结肠）的消化。

狗狗要避免食用的草本植物：

- **细香葱**：虽然人们普遍认为它是洋葱家族的一员，但实际上它只是洋葱的近亲。然而，就像韭菜和洋葱一样，它们含有 N-丙基二硫化物，会导致红细胞分解并引发贫血。
- **肉豆蔻**：肉豆蔻中含有一种名为肉豆蔻素的化合物，可能会引起胃肠不适。

冷冻草本植物:

如果草本植物不能及时吃完,也没有时间去做脱水处理,可以试试冷冻。

- 去掉植物的粗茎。
- 把叶子平铺在羊皮纸上,然后冷冻。叶子冻硬之后,放到硅胶储物袋中,密封,然后放回冰箱,可以冷冻保存一年。

或者

- 去掉植物的粗茎。
- 把植物切碎,如果量太大,可以使用食品加工机。
- 将切碎的植物放入制冰盒中,加入橄榄油、黑籽油、过滤水或者肉汤,这样更方便取出。

有益健康的草本植物

本书介绍的食谱里有很多食材来自草本植物,可以随时添加到狗狗的正餐中。特别提示:虽然许多草本植物可以提取精油,而且精油提取物的功效要更强一些,但精油提取物不能作为草本植物的替代品食用。

欧芹

- 含有杨梅素，具有抗氧化作用，能抑制乳腺癌细胞的增殖。
- 含有芹菜素（黄酮类化合物），能抑制乳腺癌细胞的增殖。
- 富含维生素 K，对骨骼和血液健康至关重要。
- 含有聚乙炔，可以减少黄曲霉毒素的致癌作用（宠物食品中的黄曲霉毒素污染会带来严重的健康风险）。

姜黄

- 含有活性成分姜黄素，能调节细胞因子的释放，对癌症干细胞发挥肿瘤抑制作用，还可以用于治疗狗狗的关节疼痛，起到消炎作用。
- 通过中和自由基，帮助减少氧化反应。
- 提高脑源性神经营养因子（BDNF）水平，改善大脑功能，减少脑部退化，降低脑部疾病的发病率。

迷迭香

- 含有一种叫作鼠尾草酸的活性成分，可以通过防止可能导致中风和神经系统变性疾病的自由基损伤，帮助保护大脑。
- 含有迷迭香酸，具有抗氧化活性，有助于防止自由基造成的细胞受损，从而降低患癌风险。
- 提高狗狗体内的谷胱甘肽水平，增强胰腺功能。

香菜

- 帮助身体排出钠，从而调节血压。
- 通过促进有助于从血液中去除糖分的酶的活性，帮助降低血糖。
- 帮助清除体内的汞和铅。

孜然

- 通过增加淀粉酶、蛋白酶、脂肪酶和植酸酶的活性来改善消化功能。
- 对革兰氏阳性菌和革兰氏阴性菌以及酵母菌有抗菌活性。
- 降低胰岛素水平，有助于控制糖尿病。

肉桂

- 抑制晚期糖基化终末产物（AGEs）的形成。
- 含有肉桂醛，可以促进胶原蛋白的合成，能维护关节的弹性和稳定性。
- 含有抗氧化剂，通过减少氧化应激保护心血管系统。
- 含有多酚，可以预防神经系统变性疾病，比如犬类老年痴呆。

丁香（要研磨成粉，不要整颗喂食）

- 抑制 AGEs 的形成。
- 富含锰，对关节和韧带有益。
- 含有一种名为丁香酚的生物活性化合物，能够抑制细胞因子引起的炎症。
- 丁香酚有抑制乙型肝炎病毒复制的作用，有助于改善肝功能，促进受损肝细胞的修复。

罗勒

- 含有丁香酚，能松弛血管，降血压，帮助调节血糖水平。
- 含有丁香酚、香茅醇、芳樟醇等成分，能抑制炎症介质释放和细胞因子表达，发挥抗炎作用。

牛至

- 含有大量的百里酚和香芹醇，具有很强的抗氧化活性，能防止细胞膜和线粒体膜中的脂肪酸被氧化。
- 对 23 种可能导致感染的细菌菌株具有抗菌作用。

百里香

- 含有黄芩素，能抑制肿瘤细胞增殖，诱导肿瘤细胞凋亡。
- 含有百里香酚，可以抑制病原微生物保护膜的合成，使抗菌物质更容易进入病原微生物细胞内。

生姜

- 具有抗炎功效，还能减轻肌肉疼痛。
- 对结肠炎症有明显的抑制作用。
- 富含挥发油、酚类化合物，具有缓解恶心的作用。

Chapter

3

第三章

零食和配菜

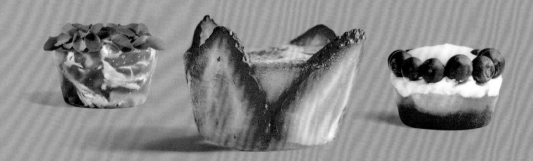

　　长久以来，一说到宠物零食，我们就会联想到空热量（含有高热量，但基本维生素、矿物质和蛋白质缺乏）、高碳水化合物和大量添加剂，这对宠物来说弊大于利。大部分哺乳动物都喜欢吃零食，但狗和猫确实不适合吃这种垃圾食品。接下来我们将为你介绍一系列营养丰富的零食、配菜和之前提到过的核心长寿食物伴侣的制作方法，你平时可能给宠物喂过不健康的剩菜剩饭、面包还有商业宠物零食，现在可以替换成对宠物健康有益的自制零食（占正餐的 10%）啦。

　　除了作为正餐中的补充，零食还有一个作用，就是用来奖励宠物——奖励他们某件事做得很棒，或者在训练的时候表现出色。不要因为宠物感到孤独或无聊，或者你想表达对他们的喜爱，或者因为他们一直守在厨房里等着开饭，你就立刻拿零食给他们吃。零食一定要切成小块，像豌豆或蓝莓那么大是最好的。不要让宠物吃太多，会导致血糖升高。另外还要注意观察宠物的反应：他们喜欢胡萝卜的味道吗？如果喜欢，那一开始就坚持用胡萝卜作为零食和配菜。他们对鸡心很感兴趣？那太棒了！坚持喂下去。先试几样，然后再慢慢扩展到和他们喜欢的味道相近的新食物，就这样一直给他们吃健康的零食，同时循序渐进地尝试新的零食（哪怕毛孩子上个月不爱吃，没准现在口味又变了）。

尝试各种各样的新食物：

　　每天给宠物吃同样的食物，他们就没有机会尝试新味道了。想象一下，如果你之前一直吃麦片，突然有一天吃到了家人做的热气腾腾、散发着香气的炖肉和炒菜，那会是怎样的体验。多给毛孩子们尝试新食物，就能丰富他们的感官体验。

　　把食物做好以后，可以换着花样"摆盘"，提升食物的价值。找个空蛋托，在每个小格子中放入不同的食物，味道不同，质地不同，温度也不同。有宠物熟悉的食物，也有他们从来没吃过的新食物，给他们带来全方位的用餐感官体验。

风干零食和脱水零食

  风干零食味道鲜美、营养丰富，既可以用蔬菜制作，也可以用肉制作，特别适合作为狗狗训练时的奖励或者用来快速补充营养。我们没有在食谱里列出食材具体的量，你可以根据自己想要做多少来把握。把风干零食和脱水零食装到密封容器里，放在冰箱中可以冷藏保存 1 个月，或者冷冻保存 3 个月。在喂食前要拿出来化冻。

关于动物内脏：

　　动物内脏是蛋白质的重要来源。在距离巨石阵约 3 千米的地方，有一个新石器时代的大型定居点，英国考古学家分析了在那里发现的 4500 年前的狗的粪便化石，向我们揭示了一个事实：那时的狗是吃动物内脏的（通常是生的或者没有煮熟的）。动物内脏富含维生素、矿物质和脂肪酸，平时吃动物内脏的狗狗成年后皮肤过敏的概率明显降低。

　　如果不确定每天给狗狗吃多少动物内脏合适，可以参考"脚爪原则"。量度你的狗狗的一只脚爪有多大，与之长度、宽度和厚度相当的一块内脏就是一天的喂食量。给狗狗吃各种各样的动物内脏可以帮助他摄入更多种类的矿物质：

- **肝**：自然界中最丰富的铜、铁和维生素 A、维生素 D、维生素 E、维生素 K 的来源。有些人认为给宠物吃肝会导致中毒，但事实并非如此。肝能排除毒素而不会储存毒素。相反，它储存的是营养！不过，如果你买的宠物食品里包含了肝脏和铜补剂，那就不要再喂更多的肝脏了，可以替换成其他内脏。

- **心**：牛磺酸的重要来源，但要吃或者稍微煮一下或者脱水处理，因为加热过程中会损失牛磺酸。心脏富含铁、硒、锌和维生素 B 族，是辅酶 Q_{10} 的最佳营养来源之一。

- **肾**：富含蛋白质、叶酸、ω-3 脂肪酸和二胺氧化酶（DAO）——一种具有高度活性的细胞内酶，在组胺和多种多胺代谢中起作用（特别适合过敏的宠物）。牛肾和牛心比其他食物含有更多 α-硫辛酸。

- **新鲜的肚、百叶（胃）**：富含益生菌、益生元和矿物质，包括锰、铁、钾、锌、铜和硒。在超市的肉类区卖的肚和百叶，或者罐头装的、风干的肚和百叶，一般都没什么营养价值，要去专门卖生骨肉的地方买最新鲜的。

- **脑**：DHA 含量比鱼还要高！不过，一定不要生吃牛脑和鹿脑，可能会感染朊病毒，引发神经系统疾病。

肉干

肉类：鸡胸肉、兔肾、精瘦牛肉（如牛外脊肉，又叫西冷牛排）、肝、火鸡胸肉、羊排或精瘦猪肉

新鲜的草本植物或干草本植物适量（生姜、姜黄、迷迭香、孜然、罗勒等）

一小撮芝麻籽、奇亚籽或亚麻籽

1 汤匙椰子油、菠萝汁或纯天然蜂蜜

1 茶匙姜黄根粉、椰子氨基（酱油的替代品，不含麸质、大豆和动物产品）或杏仁酱

配菜可任选：你可以根据我们的建议选择配菜，也可以按你的喜好添加。

使用烤箱制作：

1. 预热烤箱至 77° C。

2. 如果是整块的肉，需要先冷冻 15 ～ 20 分钟，这样好切片。

3. 切掉所有肉眼可见的脂肪。将肉竖着切成大小均等的条，厚度为 3 ～ 6 毫米。注意：如果肉条的厚度超过 6 毫米，脱水时间就要更长。

4. （可选项，也可以跳过这一步）：往肉上面撒一些草本植物或各种籽（可任选），涂上椰子油、菠萝汁或者纯天然蜂蜜，再撒上姜黄根粉，倒上椰子氨基或杏仁酱。

5. 在涂过油的烤箱网格上摆上肉条，肉条之间间隔 2.5 厘米。

6. 把网格放在烤盘上，以免滴油。

		姜黄根粉	椰子油	欧芹
黄金酱肉干				
照烧肉干		椰子氨基	菠萝汁	芝麻籽
蜂蜜杏仁肉干		杏仁酱	蜂蜜	奇亚籽和亚麻籽

7. 放入烤箱，用木勺把烤箱门撑开，让空气流通。

8. 烘烤 5 小时左右，直到肉条变脆而且容易掰断，在烘烤过程中把肉条翻面。

注意： 如果肉没有彻底烘熟直到变脆，就容易很快变质。

使用食物脱水机制作：

1. 按照上述步骤准备（切肉，撒上草本植物，涂抹油和酱汁）。

2. 将肉条放在涂有少量油的托盘上，肉条之间间隔 2.5 厘米。

3. 设定温度 71° C，脱水 6 ~ 12 小时，或者直到肉条变脆并且容易掰断。

使用食物脱水机的注意事项：

　　由于家里的湿度会影响食物的脱水程度，所以脱水时间可能会有所不同，可以根据需要调整温度和脱水时间。

肉末干

肉类：224 克精瘦肉末（兔肉、火鸡肉、鸡肉、牛肉、野牛肉或其他富含蛋白质的肉类）

3 汤匙明胶粉

（可选项）：任选几种你喜欢的草本植物

1. 预热烤箱至 93°C。

2. 在一个中等大小的碗中将肉末和配料混合到一起，搅拌均匀。

3. 把搅拌好的肉末压扁（越薄越好，这样更容易快速烤成肉干），放在内衬羊皮纸的烤盘上。

4. 放入烤箱，烘烤 1 小时。

5. 从烤箱中取出，关掉烤箱。

6. 在肉末干上放一张羊皮纸，翻转烤盘，把肉末干和羊皮纸一起放到另一个烤盘上。

7. 将烤盘放进刚才关掉的烤箱中。

8. 让肉末干在关闭的烤箱内冷却 3 个小时。

9. 取出，切成一口大小的条。

10. 如果想要更加松脆的肉末干，可以在 71°C 的温度下再多烘烤 2 小时。

脱水西蓝花：

　　西蓝花脱水的时间会更长，所以在做肉干之前，先来处理西蓝花。把西蓝花的茎切下来，但不要扔掉，这是一种营养丰富并且可以直接喂食的零食，可以切成一口大小的块，留着喂给狗狗吃。

　　西蓝花中富含二聚吲哚和萝卜硫素，这两种分子能激活大脑内部的一种基因，使其自主产生谷胱甘肽——排毒能力最强的抗氧化剂之一。西蓝花茎中含有的萝卜硫素是花球中含量的两倍。（注意：不要吃萝卜硫素补剂，因为它在生产后不久就开始降解，通过食物摄取萝卜硫素才是正确的方式。）二聚吲哚有助于调理激素，降低过高的雌激素水平，减少患某些与雌激素相关的疾病和癌症的风险，而且能够支持肝脏中雌激素排毒的第一阶段。

　　千万不要将西蓝花放在微波炉中加热，即使只加热 5 分钟，也会使它的黄酮类化合物（抗氧化剂）含量减少 97%。

水果干和蔬菜干

　　没吃完的水果和蔬菜，可以脱水处理，这样能有效地防止变质。从香蕉到蓝莓再到西蓝花，宠物喜欢吃的和适合吃的大部分食物都可以脱水处理。（在这里特别提一下香蕉脆片，它可能是世界上最好的训练零食，尤其适合肠胃敏感的狗狗。）如果你的狗狗年纪大了，没有牙齿，可以选择软硬适中的小块食物。正在减肥的狗狗会喜欢口感松脆的食物，而幼犬需要很多小零食奖励（因为他们几乎一整天都在接受训练）。你也可以在水果干或者蔬菜干里添加草本植物，做法就是在给食物脱水之前涂上麦卢卡蜂蜜或者黑籽油，然后再撒上草本植物。

　　你需要根据水果或者蔬菜的类型以及它们含有多少水分来调整脱水时间。比如香蕉需要更长的时间才能变干，而苹果则更容易去除水分。请注意，切得越薄的水果或者蔬菜，脱水的速度就越快。

使用烤箱制作：

1. 预热烤箱至77°C（或者调到最低档）。

2. 把食物切成6毫米厚的片或一口大小的块。

3. 除青椒和香菇外，其他蔬菜都要先焯水：锅中加水煮沸，把蔬菜放入沸水中焯烫3分钟。另外准备一个碗，放入冰水。焯水后的蔬菜捞出沥干，放入冰水中。然后再次捞出，沥干。

4. 把蔬菜片或水果片摆在抹了油的烤盘、硅胶烤垫或者内衬羊皮纸的烤盘上，每片之间间隔2.5厘米。

5. 放入烤箱，用木勺把烤箱门撑开。

6. 烘烤2～2.5小时，直到达到你想要的坚实度。

使用食物脱水机制作：

1. 将食物切成3毫米厚的片，或者训练零食的大小。（除了青椒和香菇，其他蔬菜需要先焯水，按照上面的步骤操作。）

2. 在57°C的温度下脱水12～20小时，或者直到食物变得酥脆。

麦卢卡蜜汁鸡肉干

麦卢卡蜜汁鸡肉干对肠道有益而且美味，仅带有一丁点甜味。

1 汤匙椰子油
1 茶匙研磨、切碎或是用食品加工机处理过的草本植物或香料（可任意选择，我们在这里使用的是肉桂和迷迭香）
1 汤匙纯天然蜂蜜或麦卢卡蜂蜜
1 块鸡胸肉，拍扁，切成条或一口大小的块
少量芝麻籽或其他籽类（亚麻籽、奇亚籽、黑籽）

1. 预热烤箱至 120°C。用一汤匙椰子油涂抹烤盘。
2. 在一个小碗里混合草本植物和蜂蜜。
3. 用硅胶刷把混合后的蜂蜜涂抹到鸡肉上，也可以直接倒在鸡肉上面。
4. 将切好的鸡肉条一条条地平铺在烤盘上，然后撒上芝麻籽或其他籽类。
5. 烘烤 45 分钟左右，或者直到鸡肉完全熟透，变成不透明的白色。

蜂蜜有益健康：

在新西兰和澳大利亚新南威尔士北部的山坡、沿海地区、森林边缘，生长着一种叫作麦卢卡（manuka）的红茶树。每逢初夏，它盛开的花朵会引来成群的蜜蜂采集花蜜，可以用来酿造独具特色的麦卢卡蜂蜜。麦卢卡蜂蜜中含有一种独特的活性抗菌物质——独麦素，和普通蜂蜜相比，具有更强的抗菌及抗氧化作用，可以促进伤口自然愈合，尤其在调养胃肠道方面表现极佳。

小块零食，一口一个

　　几乎所有零食都可以切成小块，我们想强调的是健康的配方、多种多样的搭配，这样做出来的小块零食会让宠物觉得很特别。本书中介绍的所有零食都可以用密封容器装好，放在冰箱中冷藏保存 3 天，或者冷冻保存 3 个月。在喂食前拿出来化冻。

自制药包

你是否经常给宠物买营养补剂？下次买之前可以再斟酌一下。市场上卖的营养补剂含有各种非纯天然的成分，包括谷朊粉、小麦粉、玉米糖浆和植物油，这些都是宠物不需要的。如果你的宠物不喜欢吃药片，可以做一些富含胆碱的小块零食，把药片放在里面，一起混着吃。

以下食材大约可以做出 9 个小药包或 4 个大药包

1 个带壳鸡蛋
1 茶匙食用明胶

1. 如果使用烤箱（而不是微波炉），将烤箱预热至 120°C。
2. 将蛋液和食用明胶混合在一起，搅拌均匀。
3. 用漏斗将搅拌好的蛋液倒入直径 5 厘米（或更小）的硅胶模具或冰块托盘中。
4. 放入烤箱，烘烤 20 ~ 25 分钟。
5. 或者在微波炉中高火加热 10 秒钟，然后取出冷却 15 ~ 20 秒钟。再次放入微波炉加热，直到蛋液膨胀并溢出模具。
6. 待冷却后，从模具中取出烤好的鸡蛋泡芙球。

给宠物服药的小妙招：

给宠物喂自制药包的时候，可以同时准备一份里面没有药的小块零食（最好是宠物最喜欢吃的零食），吃一口药包，然后立刻来一块美味小零食，鼓励他们把药咽下去。

如果你家的狗（或者猫）很挑食，可以往药包里放点奶油干酪、乳清干酪、无糖苹果酱、原味希腊酸奶、肉丸、杏仁酱或新鲜的马苏里拉奶酪，来掩盖药品或营养补剂的味道。

芝士牛肉药包

1/3 杯茅屋奶酪
1/2 杯肉末（生的或熟的）

南瓜药包

4 茶匙食用明胶
1/2 杯罐头南瓜或蒸南瓜泥，加热

杏仁药包

5 汤匙杏仁碎粉或杏仁粉
1/3 杯杏仁酱

香草奶油干酪药包

2 汤匙肉汤
1/4 杯奶油干酪
1 ～ 2 茶匙椰子粉或杏仁粉

简单易做又有妙用的
药包

　　我们的药包只需要 2 ～ 3 种食材就能制作完成，能完美掩盖药片那令人作呕的味道。

**根据你捏的球的大小，
可以做出 8 ～ 12 个药包**

1. 在一个小碗中混合所有食材（如果有需要加热的食材，先让它保持微温）。

2. 把混合好的食材捏成直径 1 ～ 2.5 厘米的小球，或者其他能放下药片的尺寸。如果配料中有肉或粉，注意不要弄湿手指，防止它们粘在手上。

3. 做南瓜药包时，在把南瓜泥捏成球之前，先放在冰箱里让它变硬。

4. 做好小球之后，用吸管在中间钻一个小洞，这就是装药片的"小口袋"了。要给宠物喂药的时候，可以把药片、胶囊或粉末放到这个"小口袋"里，把口封死，然后就可以喂食了。

特别提示：

　　如果药包是冷冻保存的，在往里面加药片之前，需要先把药包化冻。

牛油果鸡蛋

　　牛油果富含矿物质和维生素，包括维生素C和维生素E、叶酸、纤维，还有能加强大脑功能的健康脂肪以及能加强心脏功能的植物甾醇。同等重量的牛油果和香蕉相比，牛油果中钾的含量更高。此外，它还含有脂肪酶，这是脂肪代谢和消化所必需的酶。如果你的狗狗有高血脂的倾向，像雪纳瑞、苏格兰牧羊犬或喜乐蒂牧羊犬这类狗狗，给他们吃些牛油果可以降低血液中胆固醇的水平。

2个煮熟的鸡蛋，去壳
半个熟牛油果
（可选项）：西蓝花芽
（可选项，制作方法请参阅第127页）：自制的维生素/矿物质绿色粉末

1. 把鸡蛋切成两半，将蛋黄挖出来，放入一个小碗中。
2. 把牛油果也放入小碗中。
3. 把蛋黄和牛油果捣碎，充分混合到一起。
4. （可选项）：加入西蓝花芽，或者等最后一步完成之后，把西蓝花芽撒在上面。
5. （可选项）：撒上自制的维生素/矿物质绿色粉末。
6. 用勺子把混合后的牛油果和蛋黄盛出，放到刚刚挖空的蛋白里。

排毒肉丸

这些美味的肉丸可以生吃也可以做熟了吃。你也可以把生肉末撒在舔食垫上，或者用来做配菜。

根据肉丸的大小，以下食材可以做 18 ～ 30 个肉丸

450 克牛肉末
半杯切碎的香菜（或者约 500 毫克水飞蓟粉末，去掉胶囊）
1/4 杯新鲜的、没有喷洒过农药的蒲公英嫩叶（或者约 500 毫克蒲公英粉末，去掉胶囊）
半杯药用或者食用蘑菇（任何种类都可以）
（可选项）：1/4 杯草本植物（任何种类都可以）

注意：如果你用的是蒲公英嫩叶而不是胶囊，最多用量是 3/4 杯，这样就能团成一个肉丸。

1. 如果要吃熟肉丸，先预热烤箱至 120° C。
2. 在一个大碗中混合所有食材。
3. 如果要用在舔食垫上或者当作配菜，就不必加工处理了。
4. 如果要烤着吃，可以捏成弹珠大小的肉丸，放在不抹油的烤盘、硅胶烤垫或羊皮纸上。
5. 直径 1 厘米的肉丸要烤 15 分钟，较大些的肉丸烤 25 分钟，或者直到肉丸完全变硬。

香菜是霉菌终结者：

　　真菌毒素是真菌在食品或饲料里生长所产生的代谢产物，对人类和动物都有害。（在一项调查中，12 种宠物食品中有 9 种被检测出含有真菌毒素！）真菌毒素可能导致组织器官病变和损伤、免疫抑制、癌症等，最好完全避免接触它们。但如果已经接触了，香菜能起到一定的解毒作用。香菜不仅美味，而且含有聚乙炔，具有解毒真菌毒素的功效，还能帮助排出体内的重金属毒素（商业宠物食品中含有大量重金属），在 45 天内平均能排出 87% 的铅、91% 的汞和 74% 的铝。

免疫菜泥

这个食谱中用的中链甘油三酯（MCT）油是从椰子油、棕榈油或某些乳制品中提取的"好脂肪"。MCT 油具有抗菌和增强能量的作用，可以保护大脑健康，还能改善患有癫痫的狗狗的认知能力，控制癫痫发作。

可以参考以下食谱做配菜或者撒在舔食垫上的零食，做好后还可以放到冰块托盘或迷你马芬蛋糕烤模里冷冻起来。常温的或者冷冻的都可以食用，不过有些挑食的猫喜欢吃温热的。

以下食材大约可以做出 1 杯

1. 把香菇切碎（大概 1 杯的量），用 MCT 油小火煸炒。
2. 把过了油的香菇搅打成泥，然后加入草本植物和盐（可选项），再次搅打成泥，直到混合均匀。
3. 倒入冰块托盘或迷你马芬蛋糕烤模中，放入冰箱冷冻。
4. 在喂食前拿出来化冻（如果需要的话，也可以加热）。

236 毫升（3 杯）任意种类的药用蘑菇，切碎

2 汤匙 MCT 油

半杯西蓝花芽

（可选项）：一小撮喜马拉雅盐

喂食建议：

大多数冰块托盘都是 30 毫升的，对于小型犬来说，这是最合适的每日喂食量（28 克）。超小型犬和猫可以从每天 14 克开始，中大型犬每天 56 克，超大型犬每天 84 克。

低脂火鸡块

　　对于肠胃敏感的宠物来说，火鸡这样的低脂食物吃起来没有什么负担，发酵食品（如茅屋奶酪）还能帮助解决肠胃问题，再加入一些蘑菇和草本植物，既增加营养，口感也会更好。

以下食材可以做成 6 个普通大小的马芬或 12 个迷你马芬

227 克 100% 低脂火鸡肉末

1/4 杯南瓜罐头或者蒸南瓜泥

1/4 杯茅屋奶酪或无糖苹果酱（制作方法见第 122 页）

1. 预热烤箱至 93°C。
2. 将所有食材放入一个中等大小的碗中。
3. 把混合后的食材放入迷你马芬模具中，压实，填满模具的 1/3。
4. 放入烤箱，烤 35 分钟，或者直到食物熟透并且变硬。
5. 拿出来冷却 15 分钟，然后从模具中取出。

有益于肠道菌群的小丸子

如果你的宠物容易便秘，这些富含纤维的小丸子会对他们有帮助。

根据丸子的大小，以下食材能做出 8 ~ 12 个

半杯洋车前子壳粉

半杯开菲尔（以牛乳、绵羊乳和山羊乳为原料，添加含有乳酸菌和酵母菌的开菲尔粒发酵剂，经发酵酿制而成的一种传统酒精发酵乳）或者原味酸奶

1 杯鸡肝，搅打成泥

1 汤匙食用明胶粉

1. 预热烤箱至 120°C。
2. 在一个中等大小的碗中混合所有食材。
3. 捏成一个个小丸子，放在涂了油的烤盘、硅胶烤垫或羊皮纸上。
4. 放入烤箱，烤 15 分钟，或者直到小丸子变得紧实。

我们最喜欢的灌木之一：

　　洋车前子是一种药用灌木，它的外壳含有丰富的水溶性纤维，遇水会膨胀，形成数十倍的凝胶团，能增加饱腹感、减少热量摄取、软化粪便、促进肠道正常排空。可以把洋车前子壳粉添加到配菜中或撒到舔食垫上，或者加到自制食物、烘焙食物（比如美味的肉干）中。

　　洋车前子可以防止便秘。对于患有结肠炎的狗狗来说，与服用其他抗生素相比，服用洋车前子可以将疾病发作的时间缩短 3.5 天。

无肉的素丸子

如果宠物患了微肠漏（肠道菌群失调），就容易对食物过敏。兽医通常建议暂时停止摄入可能引起过敏反应的蛋白质，这种素丸子就特别适合需要素食或低蛋白饮食的宠物。

根据你做的丸子的大小，以下食材可以做 10 ~ 15 个素丸子

1 杯不含小麦成分的面粉（请参阅第 101 页的面粉介绍。如果使用椰子粉，把量减少到 1/3 杯）

2 汤匙橄榄油

1 汤匙食用明胶粉

1 根小香蕉，捣碎

1. 预热烤箱至 120° C。

2. 把所有食材放到一个中等大小的碗中，充分搅拌，直到混合均匀。

3. 团成直径为 1 厘米的球，放在涂了油的烤盘、硅胶烤垫或羊皮纸上。

4. 放入烤箱，烤 40 分钟，或者直到丸子变得紧实，可以很轻松地从烤盘、硅胶烤垫或者羊皮纸上拿起来。

菊芋脆片

菊芋也被称为洋姜，富含菊粉，可以加工利用的部位是它的块茎。菊芋味道温和，有淡淡的甜味和坚果味。大多数宠物喜欢吃这种能调节肠道菌群的口感松脆的零食。

**根据你需要的菊芋的量，
把菊芋切成 3 毫米厚的片**

1. 预热烤箱至 120° C。
2. 把切好的菊芋片放在涂了油的烤盘、硅胶烤垫或羊皮纸上。
3. 放入烤箱，烤 30 分钟后取出，把菊芋片翻个面，再放入烤箱中烤 30 分钟。
4. 等菊芋片变脆并且呈金黄色时取出。

吃进去的微生物：

土源性微生物可以帮助植物生长，也可以帮助滋养肠道、维护健康。给宠物吃一些菊芋这样的块茎类蔬菜，就能给他们提供所需的有益微生物。微生物组在土壤生态系统中的作用方式与它们在肠道生态系统中的作用相似。有毒的食物、药物和不健康的环境导致哺乳动物微生物组的多样性急剧下降，而有机的块茎类蔬菜即使清洗过，土壤中的微生物也依然存在，宠物食用后就能增加微生物组的多样性。我们采访了伦敦国王学院遗传性流行病学教授、世界上最丰富的双胞胎信息库主管蒂姆·斯佩克特（Tim Spector），问他哪种食物对狗狗的肠道微生物组最有益，他马上回答："菊芋！"

庆祝蛋糕

在一些特殊的纪念日或场合，我们可以用适合狗狗吃的"庆祝蛋糕"来为狗狗庆祝。我们喜欢把甘薯放在蔬菜汤里煮，这样能增加营养。

227 克牛肉末

1 个带壳鸡蛋

半杯燕麦（我们用的是有机胚芽钢切燕麦，就是把整个燕麦粒切成小块，要花很长时间煮熟，口感很有嚼劲）

1/4 杯奶酪丝

1 个大甘薯或 2 个小甘薯

蓝莓、草莓和（或）豌豆作为装饰用

蛋糕制作步骤：

1. 预热烤箱至 100°C。

2. 把牛肉末、鸡蛋、燕麦和奶酪丝放到一个中等大小的碗中，充分搅拌均匀。

3. 将混合好的食材放到 2 个迷你马芬蛋糕烤模中，或者做成直径 15 厘米的肉饼，放在没有涂过油的烤盘、硅胶烤垫或羊皮纸上。

4. 放入烤箱，烤 2.5 小时，或者直到烤熟。

5. 把肉饼取出，压扁压平，待其冷却。

糖霜制作步骤：

1. 烤蛋糕的时候，可以同时做糖霜。

2. 削去甘薯的外皮，切成 2.5 厘米大小的块。

3. 把甘薯块放进锅里，锅中加水或肉汤，没过甘薯块。

4. 大火烧开，然后调成中小火，把甘薯煮至软烂。

5. 把锅中的水倒出来，放在一边备用。

6. 把甘薯捣碎，用汤匙盛出刚才煮甘薯的水，加到甘薯泥里，直到甘薯变得黏稠，可以附着在蛋糕上。

7. 在蛋糕上面涂抹足量的甘薯泥，然后再放一层蛋糕，再把剩下的甘薯泥涂抹到第二层蛋糕上面以及侧面。

8. 用蓝莓、切成小块的草莓和豌豆装饰蛋糕。

色彩鲜艳、营养丰富、美味可口的甘薯：

红薯是最常见的甘薯种类之一，以其橙色的肉质而闻名，富含强大的抗氧化剂 β- 胡萝卜素。狗狗的免疫力会随着年龄增长而下降，研究显示 β- 胡萝卜素可以帮助老年犬恢复免疫力。紫薯中富含一种叫作花青素苷的化合物，具有抗炎作用，有助于预防癌症和认知功能衰退。

青香蕉脆饼

不含碳水化合物的美味脆饼

以下食材可以做 12 ~ 15 块脆饼

2 根剥了皮的青香蕉
1/4 杯原味开菲尔
1.5 杯杏仁粉

1. 预热烤箱至 100° C。

2. 将所有食材混合到一起，用搅拌器搅拌均匀。

3. 把混合后的食材倒入一个涂了油的 13 厘米 ×18 厘米的面包烤模或两个 8 厘米 ×13 厘米的迷你面包烤模中，然后用抹刀抹平表面。

4. 放入烤箱，烘烤 60 ~ 90 分钟（迷你面包比大面包烤得快）。如果轻轻按压就能回弹，说明已经烤好了。

5. 从烤箱中取出，冷却 20 分钟，然后将烤箱温度调到 93° C。

6. 把蛋糕放到砧板上，切成 1 厘米厚的片。

7. 把切好的片放在涂了油的烤盘、硅胶烤垫或羊皮纸上，再次烘烤 30 分钟，或者直到表面变干，翻个面再烘烤 30 分钟。每 30 分钟翻一次面，直到彻底干透。

8. 从烤箱中取出，冷却。

9. 置于阴凉干燥处可以保存 1 周，放入冰箱冷冻可以保存 3 个月。

青香蕉有益肠道健康：

　　还未成熟的（青）香蕉是天然的肠道卫士，它们富含益生元，非常有利于控制血糖。它们所含的淀粉不能被消化系统消化吸收，进入大肠后，会产生丁酸盐（一种短链脂肪酸）——它是结肠细胞的首选能量来源（提供高达 70% 能量），能刺激健康肠道细胞的生长和增殖，抑制炎症和氧化应激。香蕉皮的颜色越发青，含糖量就越低，而健康的抗性淀粉和果胶的含量会更高，有助于改善肠道健康，不会导致血糖水平升高，还能提高胰岛素的敏感性。

　　青香蕉可以做成烤脆片给狗狗当训练零食，也可以切成一口大小的块，按照下面的推荐剂量喂给狗或猫：

- 超大型犬：每天半根青香蕉
- 中型犬和大型犬：每天 1/4 根青香蕉
- 小型犬：每天 1/8 根青香蕉
- 猫：把青香蕉捣碎，每天 2 茶匙

饼干

　　下面要介绍的这些营养丰富的饼干是最理想的宠物零食，它们非常健康，可以放心地喂给宠物吃。食材只需要 3 种，做好后可以在冰箱冷藏 1 周或冷冻 3 个月（喂食之前要拿出来化冻）。我们建议用这些自制的新鲜健康的饼干代替从市场上购买的宠物饼干或零食。

传统风味狗饼干

这些饼干都是基础款，由无麸质荞麦粉制成，因为荞麦种子中的淀粉食用后更容易消化吸收。我们使用的不是普通的荞麦粉，而是喜马拉雅苦荞粉，更有益于肠道健康。我们喜欢用可爱的饼干模具制作，或者做成一口大小的训练零食。

以下食材可以做 24 块直径 5 厘米的饼干

3 杯喜马拉雅苦荞粉

1 杯肉汤（制作方法见第 142 页）

1/3 杯黄油，软化

一小撮盐

1. 预热烤箱至 120° C。

2. 把所有食材放入碗中，用搅拌器搅拌均匀。

3. 用擀面棍在硅胶烤垫上将面团擀平，厚度大约为 6 毫米。

4. 用饼干模具或比萨刀将面团切割成你想要的形状，如果要做训练零食，可以用吸管打孔。如果你不想把面团擀平，也可以用手揪成不同大小的块。

5. 把饼干放在内衬硅胶烤垫或羊皮纸的烤盘上，根据零食的大小和你想要的脆度烘烤 10 ~ 30 分钟。

胡萝卜饼干

　　胡萝卜是伞形科蔬菜（还包括欧芹、小茴香等），含有丰富的酚类化合物，具有抗菌作用，是天然的抗菌剂。胡萝卜和碧根果搭配在一起，可以改善狗狗的肠道健康，用这些食材做出来的饼干绝对是营养宝库。

以下食材可以制作 8 块饼干

2/3 杯胡萝卜，擦碎

2 个鸡蛋，打散

1/4 杯无盐的生碧根果，剁碎

1/4 杯原味椰子碎

半茶匙肉桂粉

1 汤匙椰子粉

用原味希腊酸奶做糖霜

1. 预热烤箱至 120° C。

2. 在碗中混合胡萝卜、鸡蛋、碧根果、椰子碎和肉桂粉。

3. 加入椰子粉，充分搅拌均匀。

4. 把 1 茶匙大小的面团逐一放在内衬羊皮纸的烤盘上，稍微压平面团。

5. 烤 60 分钟或者直到面团变硬。

6. 取出面团，等它们完全冷却。

7. 把原味希腊酸奶涂在面团上做糖霜（每个面团上涂 1 茶匙）。如果狗狗喜欢吃，可以把剩余的椰子碎撒在上面。

你可以选用任何类型的面粉或坚果酱制作饼干，下面推荐我们最喜欢的几种：

面粉类型		纤维含量 （每1/4杯）	蛋白质含量 （每1/4杯）	味道、质地和用途
	杏仁	1.99克	6克	• 有温和的坚果味道。 • 维生素E含量非常高，能保护细胞膜，维护眼睛的健康。
	喜马拉雅苦荞	4克	4克	• 有泥土的味道。 • 荞麦的名字里虽然有"麦"字，但并不属于麦类的谷物，而是蓼科植物荞麦的种子（并且天然无麸质）。 • 含有100多种植物化学物，被称为"营养作物"。
	香蕉	2.5克	1克	• 有泥土的味道。 • 用香蕉粉代替普通面粉，可以大大提高抗氧化的能力。
	椰子	10克	4克	• 富含有益肠道的纤维。 • 有淡淡的椰子味。 • 含有健康脂肪，包括中链甘油三酯（MCT），研究表明它能改善老年犬的大脑功能。

坚果酱类型		风险	优点
	花生 （严格来说是豆科作物）	花生易受黄曲霉毒素的污染产生霉变，所以要购买符合FDA认证标准的人食级别的花生酱。千万不要选那种有添加剂的花生酱，而且要注意不能含木糖醇，这个对狗狗有毒。	蛋白质和烟酸含量是所有坚果酱中最高的，而且价格非常便宜。
	葵花籽	存在转基因的可能。	镁、维生素A和维生素E的含量是所有坚果酱中最高的。
	核桃	核桃下树剥青皮之后，如果没有干透就封袋，就会造成黄曲霉菌大量繁殖，并且在酸性条件下大量生成黄曲霉毒素。	ω-3脂肪酸的含量是所有坚果酱中最高的。
	杏仁	抗营养物草酸盐含量很高，影响身体对其他矿物质的吸收（请看第28页的介绍）。	铁、维生素E和纤维的含量是所有坚果酱中最高的。碳水化合物含量低，但富含健康脂肪。
	腰果	可能含有其他成分，包括不同的油，如红花籽油，要仔细阅读配料表。	脂肪含量是所有坚果酱中最低的。

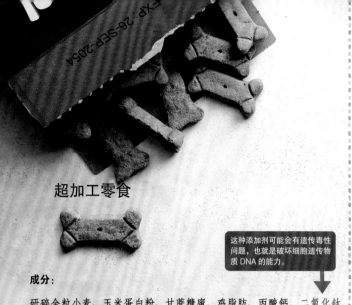

超加工零食

骨头姜饼

这种添加剂可能会有遗传毒性问题，也就是破坏细胞遗传物质 DNA 的能力。

成分：

研碎全粒小麦、玉米蛋白粉、甘蔗糖蜜、鸡脂肪、丙酸钙、二氧化钛、奶酪粉、天然培根风味剂、蛋白铁、色素（赤藓红色素、日落黄色素、柠檬黄色素、亮蓝色素）、蛋白铜。

动物实验报告有致癌性。

成分：

南瓜、椰子粉、鸡蛋、杏仁酱、MCT 油、小苏打、姜。

骨头姜饼

　　姜富含抗氧化剂，能够促进血液循环，具有抗炎作用，还可以缓解恶心（甚至有助于缓解化疗后的呕吐症状）。姜还含有一种叫作姜辣素的化学成分，可以使白细胞处于高度警觉的状态，以此增强个体的免疫功能。我们喜欢把这些姜饼系在花环上，作为送给毛孩子的节日礼物。

用 9 厘米的骨头形状的姜饼模具，大约可以制作 36 块姜饼

1 杯蒸南瓜或其他南瓜属植物

1.5 杯椰子粉

4 个鸡蛋，去壳

半杯花生酱或杏仁酱

半杯椰子油、黑籽油或 MCT 油

半茶匙小苏打

1/4 茶匙姜粉（或者半茶匙新鲜的研碎的姜末）

1. 预热烤箱至 120° C。

2. 在一个中等大小的碗中混合所有食材。

3. 放入冰箱冷藏20分钟，这样面团更容易处理。

4. 在两大张羊皮纸上铺好面团，擀成 6 毫米的厚度。

5. 用骨头姜饼模具切割出骨头的形状。

6. 把切好的"骨头"放到涂了油的烤盘、硅胶烤垫或羊皮纸上，每根"骨头"之间的距离至少要有 2.5 厘米。

7. 放入烤箱，烤 30 ～ 45 分钟，或者直到"骨头"略呈棕色且边缘变硬。取出，冷却。

乡村风味种子饼干

生的、无盐的种子和坚果富含锰元素，能够激活狗狗的体液免疫应答和细胞免疫应答，维护骨骼健康。你可以用你喜欢的各种植物种子混合搭配，做成富含锰元素的种子饼干。

10 汤匙生的、无盐的种子（奇亚籽、亚麻籽、黑芝麻或白芝麻、火麻仁、黑孜然，可以任意搭配组合。如果用的是葵花籽或南瓜子，要先研磨成小颗粒，这样更适合小型犬）

一小撮盐

2 茶匙橄榄油

半杯肉汤或水

（请参阅第 142 页肉汤的制作方法）

2 汤匙杏仁粉

1. 预热烤箱至 120°C。

2. 将种子、盐和橄榄油混合均匀，加入肉汤或水和杏仁粉，静置 10 分钟，直到混合后的食材充分融合到一起并且变得黏稠。

3. 将混合物涂抹在涂过油的烤盘、硅胶烤垫或羊皮纸上，厚度大约为 6 毫米。

4. 放入烤箱，烤 1 小时。

5. 用大铲子轻轻把饼干翻个面，用比萨刀切成你想要的大小（1 到 2.5 厘米的正方形），然后继续烤 30 分钟。

6. 关掉烤箱，让饼干继续烘干，等烤箱冷却后，取出饼干。

25
Mn
Manganese
54.938

四款美味小零食

香蕉蜂蜜饼干

这款香蕉饼干富含钾元素，又添加了蜂蜜，增强了抗氧化的功能。

以下食材可以制作 6 ~ 8 块饼干

1 根中等大小的香蕉
半茶匙本地生蜂蜜
1/4 杯杏仁粉
（可选项）：用一些杏仁片作为装饰

1. 预热烤箱至 120° C。
2. 把香蕉放在碗里，捣碎，加入蜂蜜和杏仁粉，搅拌均匀。
3. 把一大汤匙的香蕉泥倒在涂过油的烤盘、硅胶烤垫或羊皮纸上。
4. 如果需要的话，可以再撒上一些杏仁片。
5. 放入烤箱，烤一个小时，或者直到香蕉泥凝固。

香草奶酪松脆饼

这款用奶酪做的松脆饼，可以让宠物充分吸收益生元的营养。

以下食材可以制作 6 ~ 10 块松脆饼

半杯茅屋奶酪
2 汤匙荞麦粉
1 汤匙切碎的新鲜香草
或
1 茶匙任选的干的草本植物（迷迭香、鼠尾草、百里香、欧芹、罗勒、牛至、香菜或其他草本植物，混合搭配或选择其中一种）

1. 预热烤箱至 120° C。
2. 将所有食材混合均匀。
3. 把混合后的食材一勺一勺地倒在涂过油的烤盘、硅胶烤垫或羊皮纸上。
4. 放入烤箱，烤 90 分钟。

苹果肉桂馅饼

馅饼中的苹果富含果胶，这是一种益生元纤维，能够帮助有益细菌生长和繁殖。馅饼中的肉桂富含多酚，可以保护身体免受自由基的伤害，帮助调节胰岛素和血糖水平。

以下食材可以制作 8 ~ 10 个馅饼

112 克（1/4 杯）无糖苹果酱
（自制苹果酱的方法可参阅第 122 页）
1 茶匙肉桂粉
2 汤匙椰子粉

1. 预热烤箱至 120° C。
2. 在一个小碗中混合所有食材。
3. 把混合后的食材团成一个个小球（根据你想的大小，直径 1 到 2.5 厘米），放在涂过油的烤盘、硅胶烤垫或羊皮纸上。用叉子略微压平。
4. 放入烤箱，烤一个小时，或者直到面团变硬。

椰子马卡龙

这款简单速成的零食主要食材是椰子，含有抗氧化剂，可以帮助防止 DNA 受损。

以下食材可以制作 6 ~ 8 个马卡龙，具体数量视大小而定

1 个蛋清
1 杯无糖椰丝
1/3 杯原味开菲尔

1. 将烤箱预热至 120° C。
2. 打发蛋清，直至产生细密顺滑的微小气泡，形成蛋白霜。
3. 在一个碗中混合椰丝和开菲尔，充分搅拌均匀。
4. 慢慢加入蛋清。
5. 用饼干勺或普通的勺子一勺勺盛出，倒在涂过油的烤盘、硅胶烤垫或羊皮纸上。
6. 放入烤箱，烤 30 分钟，或者直到表面略呈棕色。

霍莉·甘茨博士的益生元饼干食谱

　　这是我们最喜欢的微生物生态学家霍莉·甘茨博士推荐的食谱，这款饼干除了可以当零食吃，还可以研碎作为配菜上的装饰。甘薯富含益生元纤维，如果你买的是罐头装的，一定要确保是无糖的。

以下食材大约可以做 40 块直径 4 厘米的饼干

1/4 杯白鱼，切成薄片，蒸熟

1/4 杯无糖或无油的花生酱

2/3 杯甘薯泥

1 杯燕麦粉

3/4 杯鹰嘴豆粉

1. 预热烤箱至 120°C。

2. 在一个碗里混合所有食材。

3. 在案板上撒些面粉，用擀面杖把面团擀成 6 到 9 毫米厚的片，然后切成你想要的形状。继续擀剩余的面团，全部切成饼干状。

4. 将饼干放在涂过油的烤盘、硅胶烤垫或者羊皮纸上。放入烤箱，每 30 分钟翻一次面，烤两个小时，或者直到饼干边缘微干，变硬。

冷冻零食

　　冷冻零食很适合爱吸吮、舔食的狗狗，或者用来给狗狗消暑降温。我们可以做"冰棒棒糖"（或者大一点的冰棒），解冻后涂抹在舔食垫上，或者用硅胶模具做成各种形状。我们也可以把冷冻零食作为配菜添加到正餐中，或者做成冰沙放进漏食球里。如果你的狗狗不喜欢冷食，也可以给他吃常温的，或者加热后再吃。狗狗吃的时候要留意一下，别让他整个吞下去。为了避免这个问题，可以用超大模具（比如蛋糕或面包模具）制作，或者用搅拌器搅碎，做成刨冰。所有的冷冻零食都需要在 3个月内吃完。

番茄红素冰棒

在天气炎热的时候，特别适合给狗狗吃这种既能补水又能提高免疫力的冷食。西瓜和西红柿都富含番茄红素，这是一种可以活化免疫细胞、保护吞噬细胞免受自身氧化损伤的营养素，能够启动并加强狗狗的细胞清洁功能。我们发现偶尔也有小猫对西瓜表现出兴趣。

以下食材大约可以做成 24 个冰棒（每个模具可盛满 3 汤匙）

2 杯切成小块的西瓜
（可选项）：1/4 杯开菲尔或希腊酸奶
2～3 片新鲜罗勒叶（或半茶匙干罗勒叶）

1. 把西瓜、开菲尔或希腊酸奶（如果需要的话）和罗勒叶放入搅拌器中，搅成糊状，直到变得丝滑。如果你的狗狗不喜欢太浓稠的，可以加一些水。
2. 倒入你选好的硅胶模具，放进冰箱冷冻。
3. 吃之前可以拿到冷藏室先解冻，直到冰块软化。
4. （可选项）：可以把几种食材叠加到一起，做成西瓜的样子。把搅碎的西瓜泥放入模具冷冻，取出后加入开菲尔再次冷冻。用水浸泡罗勒，然后加到已经冻住的西瓜泥和开菲尔上，再次冷冻。

罗勒的妙用：

罗勒富含多酚和抗氧化剂，具有抗炎和抗癌的功效。在零食中加入罗勒可以显著提高谷胱甘肽、过氧化氢酶和超氧化物歧化酶（SOD）的水平，而且有助于预防糖尿病。

抗氧化冰棒

如果你的狗狗不喜欢吃绿色蔬菜，那么按照下面这个食谱做出来的冰棒可以让狗狗在不知不觉间吃掉蔬菜。狗狗会不停地舔外面这层冰肉汤，这样就能吃到里面的"奖品"，既补充了营养，又能打发无聊时间，可谓一举两得。

以下食材可以任意组合，放到冰棒模具或纸杯中，装满 2/3：

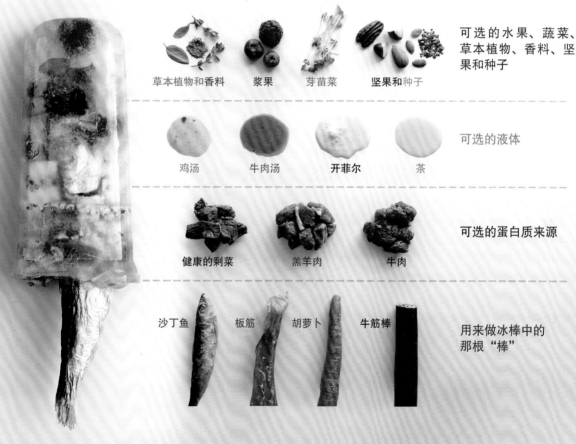

草本植物和香料　　浆果　　芽苗菜　　坚果和种子　　可选的水果、蔬菜、草本植物、香料、坚果和种子

鸡汤　　牛肉汤　　开菲尔　　茶　　可选的液体

健康的剩菜　　羔羊肉　　牛肉　　可选的蛋白质来源

沙丁鱼　　板筋　　胡萝卜　　牛筋棒　　用来做冰棒中的那根"棒"

1. 把肉汤、开菲尔、茶或者它们的组合倒入模具中。
2. 根据狗狗的喜好，也可以用其他食材做冰棒中的"棒"（我们喜欢用新鲜芦笋、鸡爪、胡萝卜或脱水板筋）。

剩菜的再利用：

如果你家里没有冰棒模具，也可以用纸杯代替。把剩菜倒入杯子，冷冻后再从杯子中拿出来，狗狗一定会吃得特别开心。

改善认知能力的冷食

这款冷食中加入了有益大脑的椰子油（富含中链甘油三酯）和蔓越莓，蔓越莓中的黄酮类化合物含量非常高，能够改善情景记忆和神经功能。

以下食材可以制作 24 块冷食（每个模具可盛满 3 汤匙）

半杯椰子油，常温
半杯到 1 杯葵花籽、杏仁、坚果或种子酱
蔓越莓、蓝莓或者任选一种一口大小的水果

1. 在冰块托盘或迷你马芬蛋糕烤模的底部涂上椰子油。
2. 把坚果或种子酱放入烤模或托盘中，装满一半。
3. 把一口大小的水果放在酱上面。
4. 最上面再涂上椰子油，撑满烤模或托盘，然后冷冻。

蓝莓能够促进
DNA 修复，
延缓衰老。

在饮食中添加蔓越莓
有助于改善记忆力，
预防痴呆。

椰子油中的中链甘油三酯
已被证明可以
改善狗狗的认知能力。

杏仁酱中的维生素 E 能够帮助
维持细胞膜的完整性，
促进抗体的产生，
从而提高免疫力。

来自蓝色地带的冷食

　　沙丁鱼富含维生素 B_{12}（对心血管健康至关重要）和维生素 D（有助于预防狗狗的肠胃疾病）。

以下食材可以制作 2/3 杯冷食

1 罐（105 克或 123 克）水浸沙丁鱼，取出沥干水分
（也可以选择原味多春鱼、贻贝、生蚝或三文鱼）
半杯原味酸奶或开菲尔
1 茶匙新鲜香菜、蒲公英嫩叶或任选一种芽苗菜，切碎
（可选项）：1/8 茶匙迷迭香或任选一种新鲜的或干的
草本植物

1. 用食品加工机或搅拌器将所有食材搅打成泥。
2. 放入硅胶模具或漏食球中，或者涂在舔食垫上，
然后放入冰箱冷冻。

延年益寿的芽苗菜冷食

这款冷食有延年益寿的作用，可以直接给宠物喂食，或者化冻后作为配菜加到正餐里。

140 克任选的芽苗菜
2/3 杯水或肉汤

1. 用搅拌器或食品加工机把加了液体的芽苗菜搅打成泥。

2. 把菜泥倒入冰块托盘中。

3. 冷冻保存 3 个月。

每 14 千克体重每天喂食一块（冰块托盘中的一格）。

关于肉汤的建议：

肉汤的制作方法可参阅第 142 页。如果你要从市场上购买成品高汤（本食谱中用的就是），一定要注意选择没有洋葱并且钠含量低的高汤。

有益肠道健康的蒲公英冷食

蒲公英的叶子中富含纤维，可以刺激肝脏分泌胆汁，进而将毒素通过粪便排出。这款冷食做好后可以冷冻起来，作为美味又营养的配菜给狗狗吃。

140 克新鲜的蒲公英嫩叶
2/3 杯水或肉汤

1. 把叶子切碎，放在冰块托盘里，加水后冷冻。或者把蔬菜碎和水一起放到食品加工机或搅拌器中搅打成泥。
2. 把蔬菜泥放入冰块托盘，然后冷冻。

每 14 千克体重每天喂食一块（冰块托盘中的一格）。

蒲公英的花朵要保留：

虽然食谱中需要的食材是蒲公英叶子，但花朵部分也不要扔掉。蒲公英花朵中的多酚浓度比根中的多酚浓度高 115 倍。把花朵彻底洗净，晾干（以防滋生真菌），可以和其他食材混合做成冷食，也可以切碎加到狗狗的正餐里，或者脱水做成蒲公英粉。

定制食物

　　我们可以针对宠物的身体状况和特定问题制作一些长寿食物，加到正餐里，以补充能量。这些食物能维持肠道微生物组的平衡和健康、维持免疫系统的正常功能、重建细胞等。除了那些特别注明不适宜吃的食物，你可以任选各种长寿食物加到正餐中，或者涂抹在舔食垫上、放进漏食球里，或者冷冻保存，随时拿出来吃。

　　食物保存期是冷藏 3 天或者冷冻 3 个月（个别食物会另外说明）。

建议喂食量：每 9 千克体重每天喂食 1 ~ 2 汤匙。在宠物适应新口味之前，先少喂一点。

创造更多的丰容机会：

　　狗狗在一天中的大部分时间都无所事事，所以丰容对狗狗的健康至关重要。除了制作丰富的食物，我们还可以想一些好玩的创意，把吃东西变成一种娱乐活动。比如我们可以把美食藏起来，让狗狗依靠嗅觉来寻找，或者让他舔掉外面那层冰，才能吃到里面的美食。这样既有益狗狗的身体健康，又能帮助大脑发育，提升认知功能。而且，当我们以这样的方式消耗狗狗的精力时，他就再也不会拆家啦！

补充胆碱、改善认知功能的食物

大块的食物可以当训练零食，也可以磨碎后撒在其他食物或舔食垫上。

9 个鸡蛋可以做出 1 杯粉末

鸡蛋（任选数量），去壳
（可选项）：椰子油或牛油果油（根据需要添加）

1. 预热烤箱至 77℃。
2. 在碗中打入鸡蛋，打散蛋液，搅拌均匀。
3. 在平底锅中倒入少许椰子油或牛油果油（根据需要添加）。
4. 把蛋液倒入平底锅，小火加热，当蛋液开始凝固时，把鸡蛋翻个面，再折叠起来，直到全熟。
5. 把鸡蛋从锅中盛出，放在内衬羊皮纸的烤盘上。
6. 放入烤箱，烤 4 ~ 6 小时，或者直到完全变干。

蔓越莓沙丁鱼酱

蔓越莓对膀胱和大脑健康有益，但它味道很酸，所以我们喜欢用美味的肉汤或者浸过沙丁鱼的水煮一下。

以下食材可以制作 112 克

1 罐 105 克的水浸沙丁鱼

1/3 杯新鲜蔓越莓

1/8 杯液体，用肉汤或者浸过沙丁鱼的水都可以

半茶匙食用明胶粉

（可选项）：1 汤匙开菲尔

1. 将沙丁鱼从罐头中取出，沥干水分，罐头中的水保留 1/8 杯，冷藏，如果要煮蔓越莓，再多加 1/8 杯。

2. 在炖锅中加入 1/8 杯肉汤、水或浸过沙丁鱼的水，然后把蔓越莓倒进去。

3. 小火煮 5 ~ 10 分钟，直到蔓越莓变得足够软烂，可以很轻松地用叉子碾碎，关火。

4. 把炖锅端到操作台上，锅中加入食用明胶粉，搅拌均匀。

5. 加入 1/8 杯水、肉汤或浸过沙丁鱼的水，搅拌均匀。

6. 加入沙丁鱼，把所有食材捣碎，或者用食品加工机搅碎。

7. 如果需要的话，再加一些开菲尔。

益生元食物

　　这款食物的灵感来自蛋皮春卷，主要食材是卷心菜，这是世界上营养最丰富的蔬菜之一（富含维生素 C 和维生素 K、钾、益生元纤维、蛋白质以及抗氧化剂花青素苷，花青素苷可以对抗炎症并降低患心血管疾病的风险）。

1/4 杯胡萝卜，切成小块或丝
半杯切成丁的蘑菇
半茶匙姜，磨碎
1 杯切碎的卷心菜
如果要炒熟吃，可以再加 1 茶匙椰子油

1. 在一个大碗中混合所有食材，如果生吃的话，可以作为配菜加到正餐里，或者放到舔食垫上、漏食球里。
2. 如果要炒熟吃，在煎锅中倒入椰子油，中小火加热。
3. 放入胡萝卜煸炒几分钟。
4. 放入蘑菇，炒至变软。
5. 放入姜末，翻炒均匀。
6. 放入卷心菜，翻炒均匀。
7. 盖上锅盖，焖 3～5 分钟，直到卷心菜变软。

可以把新鲜的蔬菜切碎后生吃，
也可以烹饪后食用

塔布勒沙拉

　　这款食物能够帮助调节肠道菌群，清除坏细菌，保留好细菌。欧芹富含芹菜素，可以调节肠道菌群，而薄荷里面的薄荷醇可以减轻坏细菌（包括幽门螺杆菌和大肠杆菌）带来的伤害。

1 汤匙切碎的新鲜欧芹

1 汤匙切碎的新鲜薄荷

半杯西红柿，切丁

1 杯黄瓜，切丁

在一个小碗里混合所有食材。

每 9 千克体重喂食 1/4 杯。

泰式炒饭

　　这款泰式美食含有能延年益寿的秘密武器：白藜芦醇。这是一种强效抗氧化剂，可以保护细胞免受损伤。

半杯任选的芽苗菜或 1 汤匙花生芽苗（见第 66 页的介绍）

1 茶匙切碎的新鲜香菜或者半茶匙干香菜

一个水煮荷包蛋

（可选项）：挤一点酸橙用来调味

1. 在狗狗的正餐中撒上芽苗菜或者花生芽苗（如果是给小型犬吃，需要切碎）和香菜，然后再放上一个水煮荷包蛋。
2. 如果需要，可以再挤点酸橙，补充维生素 C。

　　每份食物的热量大约是 80 卡路里，对于体重超过 23 千克的狗狗来说，这个热量很合适。中型犬的喂食量需要减半，每天一次或者每周几次。如果是给小型犬或者猫吃，只能喂四分之一的量。

首选花生芽苗：

　　花生芽苗有甜味，还有黄油的味道，宠物很喜欢吃，毛孩子的家长们也喜欢。因为花生芽苗富含多酚，包括白藜芦醇，是葡萄酒颜色的主要来源。此外，它还是一种强大的抗氧化剂，具有抗炎、抗癌的功效，能维护心脏健康，有益记忆和认知表现，能够降低患痴呆的风险。花生芽苗中的白藜芦醇含量是葡萄酒的 90 倍！

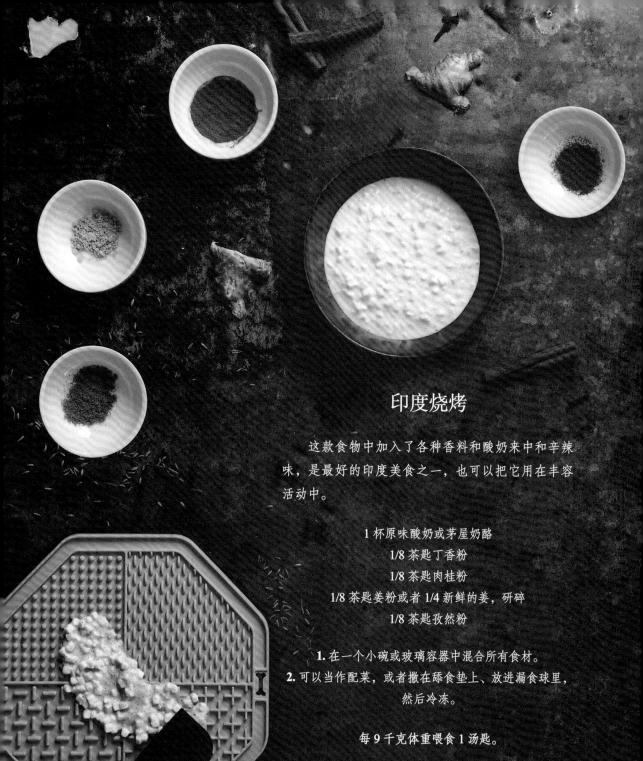

印度烧烤

这款食物中加入了各种香料和酸奶来中和辛辣味，是最好的印度美食之一，也可以把它用在丰容活动中。

1 杯原味酸奶或茅屋奶酪
1/8 茶匙丁香粉
1/8 茶匙肉桂粉
1/8 茶匙姜粉或者 1/4 新鲜的姜，研碎
1/8 茶匙孜然粉

1. 在一个小碗或玻璃容器中混合所有食材。
2. 可以当作配菜，或者撒在舔食垫上、放进漏食球里，然后冷冻。

每 9 千克体重喂食 1 汤匙。

富含纤维的果汁

这个配方中选用了富含纤维的苹果和菠萝（含有菠萝蛋白酶），
有助于消化、促进排便，还能使狗狗的粪便变得更大，这样当粪便
排出时就能更好地挤压腺体，排出更多的肛腺液。

半杯原味无糖有机酸奶

半杯无糖的 100% 纯菠萝汁（如果狗狗比较挑食，就用肉汤代替，制作
方法见第 142 页）

1 汤匙车前子壳粉

1 个小苹果，去皮，去核儿，去籽，切碎

用搅拌器或食品加工机把所有食材搅打成泥。

苹果 = 肛腺拯救者：

肛腺是一个腺体，位置在狗狗的肛门两侧。每次狗狗排便时，肛腺的开口都会随着肛门打开，排
出肛腺液润滑肛门，帮助顺利排便。如果肛腺出口阻塞，出现炎症，狗狗就会排便困难。苹果中的果胶
是一种可溶性纤维，可以缓解便秘，菠萝中的菠萝蛋白酶也有同样的功效，再加上车前子壳粉能使粪便
增大变软，这几种食物组合起来，可以帮助狗狗避免肛腺问题。此外，苹果中的一种叫作 B 型原花青
素的多酚能够激活脑 - 肠轴，有助于改善认知功能，降低认知能力下降的风险。

自制苹果酱

这款果酱香甜可口，可以用骨汤代替水制作。

6 个苹果，去核儿，切碎

1/4 杯骨汤

1. 把食材放入炖锅中。
2. 小火煮 30 分钟，或者直到苹果变得软烂，可以很轻松地用叉子碾碎。如果需要的话，可以加入骨
   汤或者再多放一些苹果，调整浓稠度。
3. 晾凉后涂抹在舔食垫上，可以当配菜吃，或者添加到其他食物中。
4. 把剩下的苹果酱放在冰箱里冷藏，一周内吃完。

每天每 4.5 千克体重喂食 28 克，可以当作配菜，也可以涂抹在舔食垫上，或者倒入冰块托盘、硅胶模具中冷冻，随时拿出来吃。

益智食物

　　这款肉酱中有发酵食物和富含 ω-3 脂肪酸的海产品，对肠道和大脑都非常有益。

1 杯熟三文鱼（新鲜的或水浸罐头装的都可以，取出，沥干水分）或者其他"纯净"海鲜（请见第 56 页的介绍）
半杯原味酸奶
半杯煮熟的蘑菇（请见第 47 页的介绍）或者 1/4 杯芽苗菜（请见第 66 页的介绍）
4 汤匙生南瓜子
（可选项）：1 ~ 3 茶匙自制的维生素 / 矿物质绿色粉末（制作方法请参阅第 127 页）

　　用搅拌器或食品加工机把所有食材搅打成泥。

试试开菲尔：

　　给宠物吃发酵食品，酸奶并不是唯一的选择，也可以试试开菲尔。开菲尔是以牛乳、绵羊乳和山羊乳为原料，添加含有乳酸菌和酵母菌的开菲尔粒发酵剂，经发酵酿制而成的一种传统酒精发酵乳制品。开菲尔没有酸奶那么黏稠，比酸奶味道更香、更酸。它含有的益生菌种类比酸奶多 1000 倍。研究表明，吃开菲尔的狗狗在两周内肠道变得更加健康。每 4.5 千克体重每天喂食 1 汤匙，加到正餐中食用。

丰容活动能帮助延长寿命：

　　长期的、持续的压力会导致一系列健康问题——从胃肠疾病到免疫功能障碍，从抑郁症到心血管疾病。我们可以给狗狗安排各种丰富多彩的活动，比如散步、和其他小伙伴一起玩，把健康的长寿食物涂抹在舔食垫上、放进漏食球里，让狗狗自己探索怎么能吃到食物，这些活动都可以帮助消除狗狗由压力而引发的行为，比如焦虑、抑郁、攻击和反叛行为。

　　如果你家里没有嗅闻毯，可以用一颗生菜代替！把各种健康的小零食藏进叶子里，让狗狗（或猫咪）充分运用鼻子和大脑，寻找隐藏的"奖品"。

　　如果狗狗喜欢乱啃乱咬，那一定要注意，给他的食物要适合他的体型，同时要防止他吞下盛放食物的容器，比如蛋托。限定好时间，没吃完的食物就放回冰箱，下次再吃。在狗狗享受美食和玩具时，你要时刻留心，出现危险情况要赶快阻止。

　　要让狗狗吃饭慢下来，可以把食物分成很多份，放在松饼模具里或者蛋托的小格子里，这样他就能慢慢享受用餐时光，身体和精神都能得到滋养。

虾糊

虾的碘含量较高，还含有虾青素——这是一种红色素，正因为有它，虾的颜色是粉红的。它还能通过抑制氧化应激反应，保护神经元。

以下食材大概可以制作 2/3 杯

半茶匙食用明胶
1/4 杯热的肉汤
半杯煮熟的虾（或者用虾罐头），剁碎

1. 将食用明胶放入碗中。
2. 把热的肉汤倒在明胶上，充分搅拌均匀。
3. 加入虾末，拌匀。
4. 混合物冷却后会变得黏稠，搅打成糊状，就可以给狗狗吃了。

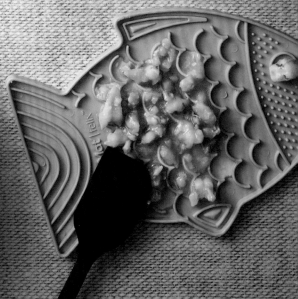

选择一种
液体

姜黄粉

充分
搅拌均匀

草饲黄油

MCT 油

椰子油

牛油果油

猪油

姜粉
或
黑胡椒粉

蘑菇粉

极致 2.0 版姜黄酱

研究发现，姜黄中的姜黄素（从姜黄中提取的多酚类化合物）能提高脑源性神经营养因子（BDNF，一种具有神经营养作用的蛋白质）水平。

以下食材可以制作 1.5 杯姜黄酱

半杯姜黄粉

1 ~ 2 杯水，为了达到理想的黏稠度，也可以用蘑菇汤（制作方法见第 146 页）或无咖啡因的茶（可参考第 149 页的建议）

1/4 ~ 1/3 杯椰子油（或猪油、草饲黄油、牛油果油、MCT 油）

1/2 茶匙现磨黑胡椒粉或姜粉

1/4 杯蘑菇粉

1. 把姜黄和水、肉汤或茶一起倒入小锅中。
2. 搅拌均匀。
3. 中小火煮 7 ~ 10 分钟，不断搅拌直至形成糊状。
4. 关火，倒入油。
5. 加入黑胡椒粉和蘑菇粉，充分搅拌。

一开始只喂 1/4 茶匙，之后可以逐渐增加到每 4.5 千克体重喂食 1/4 茶匙。

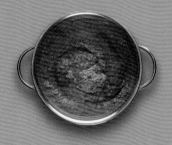

诱导细胞凋亡的食物：姜黄素奶酪

这款奶酪料理对宠物的大脑、细胞和血糖非常有益。为了维持内环境稳定，由基因控制的细胞自主有序地死亡，这种现象叫作细胞凋亡，人体常以此遏止癌细胞生长。研究发现姜黄素能诱发细胞凋亡，和姜黄相比，姜黄素本身更有助于降低糖尿病患者的空腹血糖、糖化血红蛋白和胰岛素抵抗指数。因为各种粉末的作用不同，我们推荐的剂量对健康有益，但不能作为治疗特定疾病的用量。

以下食材大约可以制作半杯

112 克奶油干酪
1 茶匙姜黄素粉末
1 茶匙蘑菇粉
1/4 茶匙姜粉或现磨黑胡椒粉

将所有食材混合，搅拌均匀。

每 4.5 千克体重每天喂食 1 茶匙，可以加到正餐里或涂抹在舔食垫上。

自制维生素 / 矿物质绿色粉末

　　自制营养补剂，不仅有益宠物健康，还能省钱。你可以买现成的营养补剂，也可以照着这个配方自己制作。主要食材就是绿色蔬菜，剩下的菜还可以给宠物吃。

以下食材大约可以制作 4 汤匙

4.5 杯绿色蔬菜（例如羽衣甘蓝、菠菜或蒲公英嫩叶等，可任选）

1. 预热烤箱至最低温度。
2. 彻底清洗蔬菜并沥干水分。去掉羽衣甘蓝叶中的茎，将叶子切碎或撕成相似大小。菠菜无须处理。
3. 把蔬菜平铺在涂了油的烤盘、硅胶烤垫或者羊皮纸上，放入烤箱，烤 6 ～ 8 小时，或者直到它们变干变酥脆。也可以使用食物脱水机制作，把蔬菜放在网板上，在 52℃ 的温度下脱水 6 ～ 8 小时。
4. 把蔬菜混合在一起研磨成粉末。
5. 存放在密封容器内，置于阴凉干燥处（我们喜欢放在冰箱冷藏），一个月内食用完毕。

可以加到正餐中，或者撒在舔食垫上的虾糊（制作方法见第 124 页）、茅屋奶酪、沙丁鱼泥上。每 4.5 千克体重喂食 1/2 茶匙。

自制猴头菇粉

罗德尼的狗狗舒比（Shubie）不喜欢吃蘑菇，所以罗德尼很喜欢这个配方，可以把对肠道有益的药用蘑菇按照合适的剂量偷偷加到舒比的食物中。

以下食材大约可以制作 2/3 杯

4.5 杯猴头菇

1. 预热烤箱至 77℃。
2. 彻底清洗猴头菇，充分晾干。
3. 把猴头菇切片或者撕成 3 毫米厚的碎片。
4. 将猴头菇平铺在涂了油的烤盘、硅胶烤垫或羊皮纸上。
5. 放入烤箱，用木勺把烤箱门撑开，烤 5 个小时，烤到一半的时候翻个面。也可以使用食物脱水机制作，放在单层托盘或网板上，在 52℃ 的温度下脱水 6 ~ 8 小时，直到它们变干变酥脆。如果你生活的地方气候干燥，也可以不加盖放在室内，晾 6 天左右，或者直到它们变干变酥脆。
6. 用搅拌器或食品加工机搅打成粉末。
7. 存放在密封的容器中，置于阴凉干燥处（或者放进冰箱冷藏），一个月内食用完毕。

　　每 4.5 千克体重喂食半茶匙，可以撒在食物上、混入配菜中或撒在舔食垫上，每天喂一次。

猴头菇对肠道有益：

　　许多研究表明，这种药用蘑菇能刺激神经细胞的产生，帮助神经元再生，并减少氧化应激。它的功效远超我们的想象。老年犬吃了猴头菇以后，显示出明显更好的肠道有益菌与有害菌的平衡，这清楚地证明了猴头菇可以帮助调节肠道菌群。

明胶肉汁、明胶果冻和明胶胶冻

这个食谱的主要食材是明胶，我们不要只把它当作甜品中的配料，实际上，它是用途广泛的增稠剂（加入的明胶越多，食物就越紧实），对头发、皮肤、关节都有益。

明胶是自然界中甘氨酸含量最丰富的物质，能清除像草甘膦这样的环境污染物。它还能让哺乳动物产生饱腹感，从而减少其他食物的摄入，有助于减肥。明胶能帮助修复肠壁，增加肠道中的激素和胃液，帮助肠道有效地分解脂肪、碳水化合物和蛋白质，同时建立肠道的黏液层，维护肠道健康。此外，明胶还能促进胃酸分泌，恢复胃黏膜的健康，改善消化能力，同时吸收水分，帮助液体在消化道中流动，促进肠道蠕动。明胶还能促进软骨的修复和再生，减轻关节疼痛，甚至有助于毛发生长！

超市中能买到明胶粉，不过我们更推荐购买牧场养殖的草饲的牛肉明胶。一般情况下，将明胶、肉汁、果冻和胶冻放在密封容器中，在冰箱冷藏可保存3天，冷冻可保存3个月。取出后切成可以安全食用的大小，喂给宠物吃。

1汤匙原味明胶（大约7克）的热量大约是24卡路里，而且不含脂肪，对每个人的健康都有益。可以把明胶的黏稠度调整到最适合宠物食用的程度。

如何把明胶的黏稠度调整到最适宜的程度？

你可以通过调整明胶的用量来控制食物的紧实度。如果狗狗喜欢更软一些的骨头，那就少放明胶。你加入的明胶越多，食物就会越紧实。

明胶肉汁
可以作为配菜

以下食材可以制作半杯

在半杯肉汤或茶（制作方法见第142页和第149页）中加入半茶匙明胶

明胶果冻
可以作为配菜或涂抹在舔食垫上

以下食材可以制作半杯

在半杯肉汤或茶中加入 1 茶匙明胶

明胶胶冻
可以做成一个美味的药包

制作的数量取决于你用的模具的大小

在半杯肉汤或茶中加入 1 汤匙明胶

明胶"网球"
可以做成一个软软的球，用来奖励狗狗

以下食材可以制作一个"网球"

在一杯肉汤或茶中加入 4 汤匙明胶
使用硅胶球形冰模或者金属的浴球模具制作

明胶"飞盘"
特别适合用在丰容活动中
用馅饼模具制作，做出飞盘的形状

以下食材可以制作一个"飞盘"

在一杯肉汤或茶中加入 6 ~ 8 汤匙明胶

明胶骨头（高硬度）

　　明胶骨头很适合喜欢舔食的狗狗，既有营养，又能丰容。可以根据第130页的图片所示，在骨头里填入正餐、配菜或花生酱，也可以把狗狗喜欢的小零食放在骨头上（如下图所示），然后冷冻起来，既可以作为幼犬的安抚玩具和磨牙玩具，也可以作为狗狗夏天的解暑冷食。

制作的数量取决于骨头模具的大小

在一杯肉汤或茶中加入8 ~ 12汤匙（半杯到3/4杯）明胶（取决于你需要的骨头的硬度）

1. 所有明胶零食的制作：把明胶加入肉汤或茶中，直到完全溶解，静置一段时间，直到混合物变稠，呈果冻状。倒入涂了油（我们喜欢用椰子油或牛油果油）的模具或储存容器中，放入冰箱冷藏3个小时。如果模具是中空的（就像饼干切割器一样），那么在填充时就要用力按压。如果需要的话，可以加入少量食物或配菜作为装饰。

2. 如果想要更硬的骨头，那就要加入更多的明胶。混合物会很浓稠，需要用打蛋器搅拌。润湿手指，然后把混合物按压到模具里。

3. 将剩余的食物放入冰箱冷藏1周，或冷冻起来备用。喂食前拿出来化冻。

4. 给狗狗吃的时候要当心。如果狗狗喜欢一口全部吞下去，就不要把整块骨头给他，在喂食或者训练前，先把骨头切成小块。

多种多样的明胶：

　　明胶的浓稠度与品牌有关（有普通的、多功能的，还有牛肉明胶粉），也和你制作时使用的液体类型（水、茶、肉汤）有关。有些品牌的明胶要求使用常温液体，而有些则需要高温液体。此外，有些明胶可能比其他明胶凝固得更快，尤其是粉末状的。使用明胶时先看看标签，找到最适合的品牌，从少量开始，根据需要随时增加。

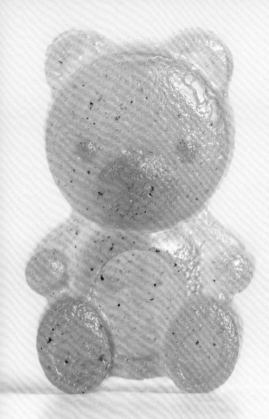

明胶软糖

明胶粉（参见第 131 页的配方，按比例调整浓稠度。
如果使用鲜生姜，那么明胶的量要加倍）
1 汤匙滑榆皮粉或棉花糖根粉
半茶匙干姜（或 1 茶匙鲜生姜）
（可选项）：1 汤匙活性炭粉（非常适合腹泻的宠物）
（可选项）：1 粒益生菌胶囊或 1/8 杯原味开菲尔
2 杯肉汤或茶（可任选，请参阅第 149 页关于茶的介绍）
（可选项）：1 茶匙麦卢卡蜂蜜或蜂王浆
（可选项）：1 汤匙芦荟汁

1. 在一个大碗中混合所有干的食材（益生菌胶囊除外）。
2. 倒入热的肉汤或茶，轻轻搅拌，直到所有粉末溶解。部
   分液体可用蜂蜜、开菲尔、芦荟汁、果冻代替，液体总
   量保持不变。
3. 晾凉后加入益生菌（去除胶囊），根据需要加入蜂蜜、
   果冻、果汁、开菲尔，充分搅拌，混合均匀。
4. 冷藏 3 小时，让明胶凝固。

明胶 vs. 胶原蛋白：

　　明胶和胶原蛋白有着相似的化学结构，但性质和用途不同。胶原蛋白是一种天然蛋白质，
主要存在于结缔组织当中，是形成皮肤、肌肉、骨骼、软骨、肌腱等多种组织的主要成分，发
挥着重要的支持作用。明胶是从胶原蛋白中提取出来的，通过将长胶原蛋白纤维分解成更短、
更易溶解的蛋白质分子，形成一种凝胶状物质。

可以吃的网球

　　可以吃的网球里面塞满了有益狗狗健康的食品，这对狗狗来说是最好的丰容玩具。从冰箱里拿出一个球扔给狗狗，让他先开开心心地玩，然后再吃掉里面的食物。

以下食材可以制作出一个容量为一杯的球或两个容量为半杯的球

椰子油或牛油果油
半杯塞进球里的配料（可任选）：水果、蔬菜、肉、鱼或其他（如果需要的话，你也可以做成纯肉汤球或茶球）
4 汤匙明胶粉
1 杯肉汤或茶

1. 在球形模具内部轻轻涂上椰子油或牛油果油。

2. 每半个模具里放入 1/4 杯食材。

3. 另外找一个碗，把明胶粉倒入肉汤或茶里，搅拌至溶解。静置一段时间，直到汤开始变稠。

4. 把这碗混合物分别倒入两个半球形模具中，倒满为止。

5. 静置一段时间，直到混合物变成黏稠的果冻，并且不会脱模。将其中一个半球扣在另一个半球上，把挤出来的混合物擦掉。

6. 放入冰箱，冷藏 3 个小时，或者直到混合物变硬。

7. 轻轻地将球从模具中取出。

混搭模具

　　用明胶可以做出各种造型的食物。你可以用网上购买的金属浴球模具、硅胶球形冰模制作可以吃的网球，也可以用手头现有的厨具，根据狗狗的喜好制作多种多样的明胶美食。

　　选择任意一种能盛液体的干净容器（我们用过迷你面包烤盘、咖啡杯、小菜碗、松饼模具），只要确保它能放进冰箱就可以。在明胶中添加狗狗特别喜欢吃的食物或者他从没尝试过的新食物，比如你希望能赶紧吃完的浆果、生的种子和坚果，还有做饭时没用完的蔬菜、昨晚的健康剩菜，把它们切成合适的大小。如果不放配料，只在肉汤里加一小撮海盐也可以。

　　食材的配比与"可以吃的网球"一样，根据你选用的模具的大小，调整各种食材的分量。还要注意，有些配料可能需要更多的明胶来凝固，如果你感觉做出来的成品太软，晃晃悠悠，下次试试把明胶的用量加倍。最后，把做好的明胶食物撒到舔食垫上就可以了。

椰子油或牛油果油

1/4 杯到半杯水果、蔬菜、肉类配料（只用肉汤或茶也可以）

如果需要增加硬度，就用 4 汤匙明胶粉；如果想要质地柔软有弹性，就用 3 汤匙明胶粉

1 杯肉汤或茶（可以从第 139 ~ 151 页寻找灵感）

（可选项）：1 汤匙原味酸奶或开菲尔

1. 在模具内部轻轻涂上椰子油或牛油果油。
2. 把配料放入模具中。
3. 另外拿一个碗，把明胶粉倒入肉汤或茶（如果需要，还可以加入原味酸奶或开菲尔），搅拌至溶解（达到果冻一样的稠度）。
4. 将明胶混合物倒入模具中的水果 / 蔬菜 / 肉类配料上。
5. 如果使用饼干切割器造型的模具，下面要垫一个内衬羊皮纸的烤盘，把填充物在模具中牢牢压实。放进冰箱冷藏 4 小时，或者直到凝固。把食物从模具中取出，然后喂给狗狗吃，吃的时候要小心看护。

如何让明胶脱模：

    如果你感觉从模具中取出明胶有点困难，可以试着把它浸泡在热水里。这样做有助于粘在模具上的明胶尽快剥离。

长寿流食

　　人们在生病或身体虚弱时通常会吃一些流食，比如鸡汤、茶和营养丰富的果汁。流食既有营养还能补水，宠物也同样需要，因为流食是浓缩的药饮，富含易于吸收的营养和化合物，提高了药物的生物利用度，制作成本不高，还能让宠物延年益寿。

　　每4.5千克体重可以喂食28～56克（2～4汤匙）。如果一次吃不完，剩下的可以存放在冰箱，冷藏保存3天，冷冻保存3个月（如果需要的话，也可以用冰块托盘分装）。

超级炖菜（根茎类蔬菜）

选择 1:

做成浓汤

这款营养丰富的炖菜主要食材是芜菁，芜菁中含有的萝卜硫素具有抗氧化、抗炎的作用，能降低患癌症的风险，减少心血管疾病的发生，减少炎症，清除体内毒素。

我们可以把芜菁做成浓汤，也可以做成菜泥。

以下食材可以制作 6 ~ 8 杯

1 颗中等大小的芜菁，去皮，切成 1 ~ 2.5 厘米的块

1 颗中等大小的欧洲防风，去皮，切成 1 ~ 2.5 厘米的块

1 颗小的芜菁甘蓝，去皮，切成 1 ~ 2.5 厘米的块

2 ~ 3 颗菊芋，切成 1 ~ 2.5 厘米的块

1 根白萝卜，去皮，切成 1 ~ 2.5 厘米的块

1 根中等大小的胡萝卜或 6 ~ 8 根小胡萝卜，

切成直径 1 厘米的圆片

1 颗甜菜，去皮，切成 1 ~ 2.5 厘米的块

1 个小甘薯，切成 1 ~ 2.5 厘米的块

4 ~ 8 杯（或者能没过蔬菜的）肉汤

（骨头汤、鸡汤、牛肉汤等）或蘑菇汤

（可选项）：草本植物茶包（可以从第 149 页寻找灵感），

2 茶匙新鲜的草本植物或 1 茶匙干的草本植物（见第 70 页），

等炖菜冷却时加入

1. 将所有蔬菜放入汤锅中，倒入 4 杯肉汤。如果没有没过蔬菜，就再多加一些。

2. 大火煮沸，然后转小火炖 30 分钟或者直到蔬菜变软。

3. 等炖菜冷却时加入 1 到 2 袋草本植物（新鲜的或干的）茶包。

4. 肉汤晾凉后取出茶包。如果你希望口感更细腻，可以搅拌一下。

5. 慢炖的方法：把蔬菜和肉汤放进电炖锅里，低温炖 8 小时，关闭之后加入草本植物茶包。肉汤晾凉后取出茶包。

选择 2:

搅打成泥后加入配菜

最好的骨头汤

　　骨头汤富含胶原蛋白等营养物质，有益关节和肠道健康。既可以作为热气腾腾的配菜，也可以单独喝，既营养美味，又温暖治愈。

以下食材大约可以制作 8 杯

1400 克骨头（鸡骨头、骨髓、猪肘、猪蹄等）

8 ~ 10 杯水

2 汤匙苹果醋

（可选项）：无咖啡因的绿茶或者姜黄，对关节有益。

（可选项）：生板筋或者关节软骨（它们含有更多的胶原蛋白，可以熬出特别黏稠的明胶状的肉汤，尤其是牛板筋）

（可选项）：鸡爪或者鸭掌（富含胶原蛋白，能熬出明胶状的肉汤）

1. 把骨头放入炖锅。如果需要的话，再加入一些板筋、鸡爪等。加入足量的水，没过食材 1 到 2.5 厘米。加几滴苹果醋。
2. 用中大火熬一个小时，然后调成小火，保持骨汤微微起泡的状态即可（如果用小火慢炖，不会有太多汤汁蒸发。假如觉得汤汁少了，可以再加点水，或者把火再调小一些）。
3. 晾凉后，拣出汤中的骨头，用细网过滤汤中的残渣，然后把汤倒入干净的容器中（一定要确保去除所有小的碎骨头渣）。
4. 在冷冻或食用前撇去油脂。

　　低温慢炖的烹饪时间：
- 鸡骨头：24 小时
- 牛骨头、野牛骨头、羊骨头：48 小时

骨头汤的疗效：

　　骨头汤能够减少肠道中的促炎细胞因子，增加抗炎细胞因子，维持免疫系统的正常运转，帮助对抗溃疡性结肠炎。骨头汤中含有的胶原蛋白还能增强人体制造血细胞的能力。

熬出健康肉汤

　　美味营养的肉汤有各种各样的做法，我们在这里介绍三种方法，供你参考。这些肉汤都能帮助治疗宠物的常见疾病。虽然食材不同，但熬汤的方式大致相同。

以下食材可以制作 6 ~ 10 杯

熬汤的基本步骤：

1. 选择一种烹饪方式。

2. 将蔬菜和草本植物切碎。

3. 在汤锅中加入 2.8 升水，将所有食材倒进锅中。

4. 盖上锅盖，小火慢炖一个小时，保持微微起泡的状态，偶尔开盖搅拌一下。

5. 关火，如果需要的话可以加入茶包。晾凉肉汤。如果你想要低脂肉汤，可以撇去油脂。

6. 从汤里挑出茶包和骨头，再过滤一下其他残渣并倒掉。把肉汤倒入玻璃储存容器中，放入冰箱，冷藏可保存 5 天，冷冻可保存 3 个月（也可以使用 28 克的冰块托盘）。

7. 解冻后可以作为配菜加到冻干或其他脱水宠物食品中，或者冷冻时拿出来放到舔食垫上。凡是食谱中需要用到水的，都可以用肉汤代替。

暖胃肉汤

450 克新鲜的或者吃剩下的家禽骨头、羊骨头、鹿骨头或者牛窝骨（很多超市都把它标记为"适合熬汤的骨头"）

半个小茴香球（防止胃肠道溃疡）

5 厘米长的姜根（减少胃酸倒流和恶心，改善胃肠动力）

5 厘米长的黄姜根（消炎）

1 杯蒲公英嫩叶或菊芋（富含菊粉）

1 茶匙孜然粉（增强消化酶活性并缓解胀气）

（可选项）：新鲜的或干的草本植物，切碎（如果没有新鲜的草本植物，也可以替换成两个装有相同草本植物的茶包）：

　　1 茶匙香蜂草（增强体力，促进消化）

　　1 茶匙薄荷（缓解消化不良）

　　1 茶匙甘菊（抗痉挛）

烹饪步骤同上。

健脑肉汤

1杯三文鱼肉末（减少神经炎性反应）

1汤匙迷迭香（防止认知功能下降）

1汤匙鼠尾草（安抚神经）

1根肉桂或1茶匙肉桂粉（提高认知能力）

1茶匙牛至（有助于提振精神）

（可选项）：新鲜的或干的草本植物，切碎（如果没有新鲜的草本植物，也可以替换成两个装有相同草本植物的茶包）：

　一小撮西红花粉（保护神经细胞免受氧化应激和炎症的伤害）

　一小撮黑胡椒粉（防止记忆和认知能力的退化）

　两包无咖啡因的绿茶（抗氧化）

烹饪步骤同前。

增强免疫力的肉汤

1根牛骨髓或超市购买的3根牛尾

1杯灵芝（调节免疫系统）

1汤匙香菜（抗菌，消炎）

1汤匙卷叶欧芹（帮助排毒）

1汤匙牛至（抗真菌）

2瓣新鲜大蒜（抗菌，免疫调节）

（可选项）：新鲜的或干的草本植物，切碎（如果没有新鲜的草本植物，也可以替换成两个装有相同草本植物的茶包）：

　白桦茸，切成5厘米×5厘米的片

　2汤匙麦卢卡蜂蜜（汤熬好后关火，加入蜂蜜，搅拌）

烹饪步骤同前。

边角料做成的长寿汤

你平时切菜切下来的那些边角料不要扔，可以用它们制作美味营养的长寿汤。

可以保留削下来的蔬菜皮、切掉的菜叶、根或茎。

1. 把所有食材倒入一个大汤锅中。

2. 加水没过食材。

3. 大火煮沸，然后小火炖 30 分钟。

4.（可选项）：选一种茶包（可参考第 149 页的制作方法）放入锅里。如果已经关火，需要加压提高汤的沸点。汤晾凉后取出茶包。

快捷简便的低组胺骨头汤

当过敏原触发免疫系统时，免疫细胞就会释放出组胺，发生炎症性免疫反应。如果你的狗狗出现瘙痒、烦躁或者不断揉眼睛的情况，说明他的体内组胺水平在升高。骨头里也有组胺，而且炖煮越久，从骨髓中释放出来的组胺就越多。我们在熬骨头汤时要把握好时间，只熬几个小时，让组胺保持在低水平，以防狗狗对组胺不耐受。

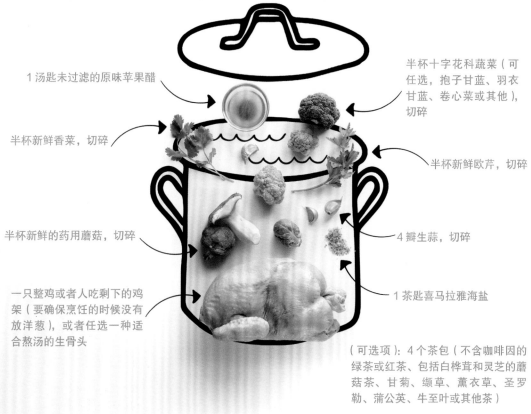

1 汤匙未过滤的原味苹果醋

半杯十字花科蔬菜（可任选，抱子甘蓝、羽衣甘蓝、卷心菜或其他），切碎

半杯新鲜香菜，切碎

半杯新鲜欧芹，切碎

半杯新鲜的药用蘑菇，切碎

4 瓣生蒜，切碎

一只整鸡或者人吃剩下的鸡架（要确保烹饪的时候没有放洋葱），或者任选一种适合熬汤的生骨头

1 茶匙喜马拉雅海盐

（可选项）：4 个茶包（不含咖啡因的绿茶或红茶、包括白桦茸和灵芝的蘑菇茶、甘菊、缬草、薰衣草、圣罗勒、蒲公英、牛至叶或其他茶）

1. 把鸡或鸡架放入一个大锅里，加入足量的水没过鸡或鸡架，把剩下的食材一起倒入。

2. 盖上锅盖，小火慢炖 4 个小时。

3. 关火。根据你的需要，可以加入 4 个茶包。

4. 茶包浸泡 10 分钟后，从锅中取出。

5. 把鸡肉剔下来，然后把鸡骨头扔掉，鸡肉放回锅里。

6. 肉汤晾凉后，用掌上型搅拌器（immersion blender）把肉、蔬菜和肉汤一起搅拌。也可以用普通搅拌器，但是需要根据搅拌器的容量分批处理。

7. 将搅拌后的肉汤分成小份放入冰块托盘或硅胶模具，然后冷冻。

超级免疫蘑菇汤

　　蘑菇汤中富含 β- 葡聚糖，它被称为"免疫黄金"。在这个食谱中，我们通常使用的是姜黄粉和姜粉，你可以选择自己喜欢的香料，也可以不加香料。

2 杯药用蘑菇，切片

1 汤匙无盐的黄油

6 杯水、肉汤或草本植物茶

（可选项）：1 汤匙草本植物或香料（可以根据宠物的健康情况选择，参考第 70 页的介绍）

1. 在锅中放入黄油，用小火将蘑菇煸软。

2. 加入水、肉汤或茶。

3. 如果需要，可以加入草本植物或香料。

4. 炖煮 3 ~ 5 分钟。

5. 等汤晾凉。

6. 用掌上型搅拌器搅拌，或者用普通搅拌器分批处理。

7. 可以加热吃，也可以吃凉的。

关于香菇：

　　这个食谱可以使用任何类型的蘑菇，我们最喜欢用的是香菇。这种神奇的蘑菇含有一种叫作香菇多糖的碳水化合物，可以有效地治疗胃癌，在日本已经被批准使用。香菇多糖还能减少环境毒素苯并 [a] 芘（存在于汽车尾气、烟雾和其他燃料中，会导致人类和动物患皮肤癌、膀胱癌和肺癌）对细胞造成的损害。

姜味肉汁

这款超级香浓的肉汁能促进大脑发育、调理肠道，而且它还含有肉桂，有益心脏健康。我们一般不会给狗狗吃肉桂，但研究表明，肉桂可以改善狗狗的心脏功能和血压，这是心脏健康的关键指标。

1 茶匙姜黄根粉
半茶匙姜
1 汤匙椰子油或橄榄油
少许肉桂粉
1/3 杯热水、热的肉汤或茶

1. 在碗或杯子中混合前四种食材。
2. 把热的液体倒入混合物，搅拌均匀，然后晾凉。

喂食建议：每天一次，每 9 千克体重喂食 1 汤匙，或者总量不变，一天中分几次喂食。

茶，不加冰！

从某种角度来说，动物喝茶已经有几千年的历史了。叶子从植物或树上掉下来，掉进水坑里，那水不就变成茶了吗？如果想让狗和猫从植物中获得最佳药效，把植物做成凉茶是最经济有效的办法。作为配菜，茶价格便宜，又富含多酚，让宠物的每一餐都含有抗氧化剂和生物活性植物化学物质。

茶的种类

- **不含咖啡因的绿茶和红茶**：富含生物活性化合物，具有强大的抗炎、抗氧化的作用，能够增强免疫力。研究表明，绿茶可以改善大脑功能、预防癌症、降低患心脏病的风险。绿茶和红茶都富含茶黄素，茶黄素以多酚、儿茶素为主要成分，含有 L - 茶氨酸，有助于缓解压力。

- **草本植物茶**：草本植物茶由各种类型的草本植物制成，天然不含咖啡因，每种茶有不同的药用特性，对身心健康十分有益。市场上常见的茶包括南非红茶、玫瑰果茶、西番莲茶和缬草（被称为"睡神草"）茶等。我们还可以用花园里的新鲜香草泡茶，包括猫薄荷、薄荷、木槿、鼠尾草、紫锥菊、柠檬马鞭草、香蜂草、柠檬草、椴树花、金盏花、罗勒和小茴香等。

将 236 毫升的水煮沸，加入适量茶叶，浸泡 5 ~ 10 分钟（淡味茶浸泡时间较短）。以下是我们最喜欢的一些茶的配方：

暖胃茶

1/2 茶匙干薄荷叶

1/2 茶匙干的小茴香籽，轻轻压碎

1/2 茶匙干蜀葵根

（可选项）：1/16 茶匙姜粉或两片切得薄薄的新鲜的姜

安神茶

1/2 茶匙干洋甘菊

1/2 茶匙干圣罗勒

1/2 茶匙干香蜂草

排毒茶

1/2 茶匙干蒲公英（所有部分）

1/2 茶匙干牛蒡根

1/2 茶匙干菊苣根

益智茶

1/2 茶匙干鼠尾草或干迷迭香

1/2 茶匙干木槿花（怀孕的动物忌用）

1/2 茶匙姜黄粉

（可选项）：1 根肉桂

喂食建议：每天每 4.5 千克体重喂 30 ~ 60 毫升的茶。

暖胃茶

排毒茶

安神茶

益智茶

我们很喜欢蒲公英茶，这也是犬类药剂师丽塔·霍根（Rita Hogan）特别推荐的：

新鲜蒲公英叶或花茶

236 毫升水

2 汤匙新鲜蒲公英叶或花

水快要烧开时放入蒲公英，泡 5 ~ 10 分钟。

干蒲公英叶或花茶

236 毫升水

1.5 汤匙干蒲公英叶或花

水快要烧开时放入蒲公英，泡 10 ~ 15 分钟。

新鲜蒲公英根茶

2 杯水

2 汤匙新鲜蒲公英根，切碎

把水烧开后放入切碎的新鲜蒲公英根，
调成小火，低温慢煮 30 分钟。

干蒲公英根茶

2 杯水

1 汤匙干蒲公英根，切碎

在长柄小炖锅中把水烧开，放入切碎的干蒲公英根，
调成小火，低温慢煮 30 分钟。

喂食建议：
叶子或花茶：每 4.5 千克体重喂 1/4 杯；
根茶：每 4.5 千克体重喂 1/8 杯；
每天两次，和其他食物一起喂食。

Chapter

4

第四章

均衡营养全餐

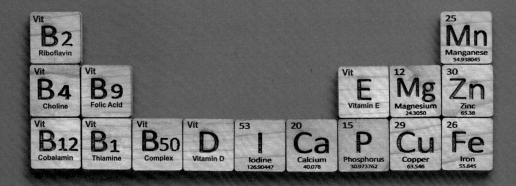

自制食物吃起来安全又放心，你能确保宠物吃到的都是健康食品，而且知道这些食物是哪天做的，使用了什么食材，更重要的是，你知道它们能提供最优质的营养。

我们强烈建议，在时间和预算允许的情况下，尽可能给宠物吃鲜食。接下来将为你介绍几十种营养全面而且均衡的食谱，无论你是打算每顿饭都现做，还是一次多做一些然后放进冰箱里储存，都可以灵活参考食谱制作。可以将这些自制全餐作为狗粮（猫粮）的补充，每周给宠物吃几次，也可以逐步把狗粮（猫粮）全部替换为自制全餐。无论你选择哪种方式，我们的食谱都将为你提供灵感和创意，让毛孩子们吃得健康，吃得开心。

我们的全餐食谱有哪些与众不同之处？

很多兽医不主张宠物家长给宠物吃自制食物，主要原因是他们认为大多数家长自制的食物营养配比不均衡，没有达到宠物每天的标准营养摄入量，也没有科学严谨的食谱可供参考。我们制定的食谱营养均衡而且全面，能满足宠物每天的营养所需，同时符合美国和欧洲对于宠物食品的营养要求（有些成年猫的食谱根据需要减少了碘和磷的含量）。

我们的食谱特点是简单易学，可以做熟了吃，也可以生吃；可以加一些营养补剂，也可以完全用自制食物代替营养补剂。我们会提供多种水果和蔬菜的搭配组合方式，不是要给你制造压力，而是要激发你的灵感。多样化的饮食可以让宠物获得全面的营养，他们的肠道和身体也会更健康。有证据显示，那些每周吃 30 多种植物性食物的人比那些吃 10 种或更少种类植物的人拥有更多样化的微生物组（不过还是要注意把握节奏，增加新食物的前提是不给肠胃带来压力）。

我们的全餐食谱和其他的自制食谱有所不同，我们会针对不同活动量的宠物做不同的设计。比如，一只体重 4.5 千克的活动量大的狗狗和同样体重但活动量很小的狗狗相比，需要摄入的热量更多，但维生素和矿物质的摄入量不需要更多。我们还会针对不同的年龄段设计食谱，比如幼犬和幼猫阶段的食谱，这样能满足不同年龄段的宠物的营养需求。不过，要把我们设计的 400 多种食谱全部收录到书里有点不太现实，你可以登录我们的网站 www.foreverrecipes.com 浏览更多食谱。如果你特别喜欢某个食谱，但它是适合幼犬的，而你家有一只不太爱活动的老年犬或猫咪，你同样可以在这个网站上找到相对应的食谱。

食谱和喂食建议是根据什么标准制定的？

如果你对食谱的数据细节不感兴趣，可以跳过这部分。

我们的食谱符合 FEDIAF（欧洲宠物食品工业联合会）的最新标准。我们建议的喂食量是针对生长期和成年期的猫和狗，能够满足基本活动量和热量消耗的基础代谢，并且不超过按每天的代谢率计算得出的最大营养需求值。

我们是用 ADF 软件创建的食谱，该软件结合美国农业部（USDA）的有机认证标准和经过验证的国际食品数据，建立了一个全面的营养成分数据库，与职业兽医、获得认证的兽医营养学家、宠物食品生产商以及其他行业的专业人士合作，以最新版 FEDIAF 和 AAFCO（美国饲料管理协会）的指南为依据。我们的食谱参考的是 2021 年 FEDIAF 的指南，还有 2021 年 AAFCO 的指南（成年猫的碘的摄入量参考的是 AAFCO 的最低标准，磷的摄入量参考的是 FEDIAF 的较低标准）。

所有食谱中的数据都是参照阿特沃特系数，以热量为基准（而不是以干物质为基准），使用各自对应的代谢指数进行计算：成年犬 110，活动量小的成年犬 85，生长早期的幼犬 210，生长中期的幼犬 175，生长后期的幼犬 140；活动量小的成年猫 52，室内活动的成年猫 75，室外活动的成年猫 100，生长早期的幼猫 169，生长中期的幼猫 141，生长后期的幼猫 113。要了解更多关于食谱标准的细节，请登录 www.foreverdog.com。

针对不同年龄段和活动量的宠物设计的
均衡营养全餐

我们的食谱能满足不同年龄段和活动量的宠物的需求，包括生长期的幼犬、成年犬、活动量小的成年犬、生长期的幼猫、成年猫及活动量小的成年猫。你可以根据你家宠物的情况选择相对应的食谱。

- **生长期的幼犬**食谱是为满足仍在生长中的未发育完全的幼犬的营养需求而设计的，食谱中的食材适合所有品种的狗狗，包括大型犬和超大型犬的幼犬。根据幼犬在生长早期、中期、后期这几个不同阶段的发育情况，可以适当调整喂食量，详见第 157 页的喂食建议。

- **成年犬**食谱最适合每天有 1 ~ 3 个小时活动时间的狗狗。比如每天至少在户外快步走 1 个小时，每周和主人一起慢跑或徒步几次，待在房间里的时候会和其他狗狗或孩子一起互动玩耍，天气寒冷的时候每天在户外活动几个小时，平时喜欢用爪子刨坑或者围着栅栏跑。如果你的狗狗活动量特别大（整天都在不停地运动、奔跑），请参考"活动量大的成年犬"的食谱和喂食建议。如果需要的话，可以增加喂食量，以保持狗狗的身体健康。

- **活动量小的成年犬**食谱适用于每天的活动时间不超过 1 个小时（比如在家附近慢慢散步）的狗狗，他们不爱活动，或者年纪较大，更喜欢在房间里休息，不愿意出去玩。家长可以参考"活动量小的成年犬"的喂食建议。

- **生长期的幼猫**食谱可以满足幼猫（仍在生长过程中的未发育成熟的小猫）的营养需求，根据幼猫在生长早期、中期、后期这几个不同阶段的发育情况，可以适当调整喂食量，详见第 157 页的喂食建议。

- **成年猫**食谱中，磷含量符合欧洲标准，碘含量符合美国标准。因为随着猫的成长，达到这两种微量元素的最低摄入量是最理想的，所以我们按照最低标准执行。如果你有一只喜欢户外活动的猫或者是在室内活动量非常大的成年猫，请参考成年猫食谱和喂食建议。在天气寒冷的那几个月，可以增加喂食量，以保持猫咪的身体健康。

- **活动量小的成年猫**每天活动、玩耍的时间不超过 1 个小时。他们可能年纪大了，大部分时间都在休息或睡觉。请参考"活动量小的成年猫"的喂食建议。

1 斤羽毛 vs.1 斤砖头：

每个食谱中的食材的重量和热量都不同，所以给宠物的喂食量也相应地会有所不同。如果宠物的活动量和体重没有发生变化，那么算好每种食谱的喂食量后就可以一直按这个标准执行。

　　1993 年，卡伦在进入兽医学院的第一天就遇到了苏珊·莱克尔（Susan Recker），她们成了最要好的朋友，直到今天。苏珊帮我们的均衡营养全餐食谱搭建了营养框架，设计了多元化的主题。她热爱家庭、动物和食物（她还是一名出色的厨师），在她看来，食物也是功效强大的药物。她特别擅长设计营养均衡的食谱，制订健康膳食计划，让她的客户和患者（也包括她的朋友和家人）受益无穷。她是宠物医生，也是学者，经常帮助兽医学习如何使用"动物饮食配方"（Animal Diet Formulator，简称 ADF，拥有世界上最全面的国际食品成分数据库，是最便捷的宠物食品配方设计软件）设计营养全面的食谱。

　　30 年来，史蒂夫·布朗（Steve Brown）一直致力于为狗狗和猫咪设计营养全面的肉食食谱，他为我们的食谱设计做出了重要贡献。1999 年，他在美国市场推出了一种全新的宠物食品：营养均衡、最低限度加工的鲜食。这种鲜食很快成为宠物食品行业增长最快的细分市场产品之一。我们设计食谱用的软件 ADF 也是他开发的。

我究竟该给宠物喂多少?

要计算每天的喂食量，请按以下步骤进行:

1. 确定宠物的年龄段和活动量（参见第 155 页）。

2. 称一下宠物的体重。

3. 参考下一页的喂食说明表格，确定宠物每天需要多少热量。

4. 记下这个数字，保存好。

5. 设计均衡营养全餐食谱时，要注意每盎司（28 克）食物的热量是多少。要计算每天给宠物喂多少食物，可以用他每天需要的热量除以每盎司食物的热量。例如，从表格中查询到，一只体重 13.6 千克、活动量较小的狗狗一天需要的热量是 603 卡路里，每盎司阿根廷青酱牛肉的热量是 44 卡路里，那么喂食量是:

603÷44= 每天 13.7 盎司（384 克）

6. 大多数宠物一天吃 1 ~ 2 顿饭，幼犬可能需要吃 3 顿，而猫习惯吃 6 ~ 8 顿。根据每天的喂食总量，再计算一下每一顿的量就可以了。

基于不同活动量，成年犬每天大致的热量需求

活动量小的成年犬				活动量大的成年犬		
体重（磅）	体重（千克）	每天需要的热量（卡路里）		体重（磅）	体重（千克）	每天需要的热量（卡路里）
3	1.4	107		3	1.4	139
5	2.3	157		5	2.3	203
10	4.5	264		10	4.5	342
15	6.8	358		15	6.8	464
20	9.1	445		20	9.1	575
30	13.6	603		30	13.6	780
40	18.2	748		40	18.2	968
60	27.2	1014		60	27.2	1312
80	36.3	1260		80	36.3	1625
100	45.4	1490		100	45.4	1925
120	54.5	1700		120	54.5	2200

基于不同的年龄段，幼犬每天大致的热量需求

生长早期的幼犬（体重比成年犬轻50%）			生长中期的幼犬（体重是成年犬的50%～80%）			生长后期的幼犬（体重是成年犬的80%以上）		
体重（磅）	体重（千克）	每天需要的热量（卡路里）	体重（磅）	体重（千克）	每天需要的热量（卡路里）	体重（磅）	体重（千克）	每天需要的热量（卡路里）
1	0.45	116	1	0.45	97	1	0.45	77
3	1.4	265	3	1.4	221	3	1.4	177
5	2.3	388	5	2.3	324	5	2.3	259
10	4.5	653	10	4.5	544	10	4.5	435
15	6.8	885	15	6.8	738	15	6.8	590
20	9.1	1098	20	9.1	915	20	9.1	732
30	13.6	1490	30	13.6	1240	30	13.6	933
40	18.2	1847	40	18.2	1540	40	18.2	1232
60	27.2	2500	60	27.2	2090	60	27.2	1670
80	36.3	3100	80	36.3	2590	80	36.3	2070
100	45.4	3675	100	45.4	3060	100	45.4	2450
120	54.5	4200	120	54.5	3500	120	54.5	2800

基于不同活动量，成年猫每天大致的热量需求

室内活动的成年猫（活动量小）			室内活动的成年猫（活动量大）			室外活动的成年猫（活动量特别大）		
体重（磅）	体重（千克）	每天需要的热量（卡路里）	体重（磅）	体重（千克）	每天需要的热量（卡路里）	体重（磅）	体重（千克）	每天需要的热量（卡路里）
3	1.4	64	3	1.4	92	3	1.4	123
5	2.3	90	5	2.3	130	5	2.3	173
7	3.2	113	7	3.2	163	7	3.2	217
9	4.1	134	9	4.1	193	9	4.1	257
11	5.0	153	11	5.0	220	11	5.0	294
13	5.9	171	13	5.9	247	13	5.9	329
15	6.8	188	15	6.8	271	15	6.8	362
18	8.2	213	18	8.2	305	18	8.2	410

基于不同的年龄段，幼猫每天大致的热量需求

生长早期的幼猫（不到4个月）			生长中期的幼猫（4~9个月）			生长后期的幼猫（9~12个月）		
体重（磅）	体重（千克）	每天需要的热量（卡路里）	体重（磅）	体重（千克）	每天需要的热量（卡路里）	体重（磅）	体重（千克）	每天需要的热量（卡路里）
1	0.45	100	1	0.45	82	1	0.45	66
3	1.4	208	3	1.4	173	3	1.4	138
5	2.3	293	5	2.3	244	5	2.3	195
7	3.2	366	7	3.2	305	7	3.2	244
9	4.1	434	9	4.1	360	9	4.1	290
11	5.0	496	11	5.0	413	11	5.0	330
15	6.8	610	15	6.8	510	15	6.8	407

你需要每个月给宠物称一次体重，确保喂食量没有问题。如果你的宠物超重，正在节食，最好每周称一次体重，直到他的体重达标。每个月减掉体重的 1%～2% 是安全可行的，注意每周减重不要超过体重的 0.5%。

此外，每种食物都要用食品秤称量，如果需要计算体积，可以在称重后把食物倒入量杯（或者你常用的勺子）。如果你每天给宠物喂两顿饭，那就把一天所需要的总量平分到两顿饭中。放到舔食垫上或漏食球里的食物也要算到一天的总量里。只要把握好总量，如何分配就由你来定了。

如何给宠物更换食物？

给宠物更换食物要一步步来，不能一下子全部换成新的，以免引起肠胃不适。你要全盘考虑一下，你最终想给宠物增加多少新的食物，每天都增加还是每周加几次。不要太心急，你可以逐步地、经常性地添加新食物。

如果想让宠物顺利过渡，可以按照以下步骤进行：

- **第一步：** 挑选合适的食谱。如果你的宠物肠胃敏感，那就选择和他现在吃的食物的蛋白质来源接近的，比如他经常吃的是牛肉，那就先选择牛肉类的自制食谱。

- **第二步：** 用 10% 新的自制食物替换 10% 现有的食物，将新旧食物混合在一起，搅拌均匀。注意观察宠物的粪便。如果你的狗和猫比较挑食，就先从替换 5% 开始。

- **第三步：** 继续用 10% 新的自制食物替换 10% 现有的食物，直到新的食物的量达到你的目标。

特殊食材

我们的食谱中选用的食材大部分都很常见，比如牛肉、鸡蛋、香菜、蘑菇和蔬菜，但也有一部分食材不太容易买到。之所以选用这样的食材，是因为我们希望为宠物提供更全面的营养。别担心，不需要你去野外采摘或者从国外购买，健康食品专卖店或者网店都能买到。这些特殊食材包括：

- **骨粉**：处于生长发育时期的狗和猫需要从食物中摄取钙和磷，但许多营养补剂含有其他的维生素和矿物质（比如人类剂量的维生素 D 和铜），对宠物来说可能不太安全。所以我们选择天然的食材——骨头为宠物补充钙和磷。人食级别的骨粉经过消毒灭菌处理，消除了潜在的动物源性传染病的风险，可以通过第三方验证纯度，在健康食品专卖店或网店都很容易买到。不要买那种园艺用的骨粉，因为它没有被批准食用（也没有经过污染物测试）。要选那种含有 28% ~ 30% 的钙和 12% ~ 13% 的磷并且没有其他添加物的骨粉。

- **蛋壳粉**：成年犬（猫）不需要再补充额外的磷，所以自制蛋壳粉（碳酸钙）是完美的选择，制作方法请见第 52 页。如果你不想自己制作，也可以购买碳酸钙补剂（用量和蛋壳粉一样）。

- **营养酵母**：营养酵母富含维生素 B_1、维生素 B_2、维生素 B_6、维生素 B_{12} 和 β-葡聚糖（一种可溶性纤维），对免疫系统特别有益，具有抗肿瘤的作用，还能帮助减肥，促进骨骼再生。营养酵母和面包酵母不同，它在加工过程中已被灭活，这意味着它是没有活性的，宠物不会因为食用营养酵母而感染酵母菌。

- **鱼油**：我们在食谱中加入鱼油，是为了满足宠物对于 DHA 和 EPA 的需求。你也可以参考第 27 页的建议，选择其他的含 DHA 和 EPA 的油。

骨粉 vs. 生骨头：

许多做生食的人经验丰富，他们会把整块生骨头磨碎做成骨粉，但并不是所有的狗和猫都适合吃生骨头，所以我们还是决定用补剂来满足宠物对钙和磷的需求。在任何情况下，都不要给宠物喂食烹饪过的熟骨头。

关于碳酸钙：

碳酸钙是人们最喜欢的补钙制剂之一，因为它的含钙量最高（能达到 40% 左右），而相比之下，柠檬酸钙的含钙量（只有 20% 多）要少将近 50%。如果使用碳酸钙，会比钙粉的用量小很多，而且它的价格也很便宜。有人质疑说吸收碳酸钙需要大量胃酸，这一点不用担心。食肉动物的胃酸在动物界是最强的，吸收碳酸钙对他们来说完全没有问题。

可以替换或去掉某些食材吗？

我们不建议这样做。替换或去掉某些食材会改变食谱的营养成分，造成营养不均衡。即便是用量很少的草本植物或其他配料也都包含了特定的有益健康的营养成分，都是非常重要的。你可以登录 www.foreverdog.com 找到所有食谱的完整的营养资料。

在某些食谱中，我们在保证营养全面均衡的前提下给出了替代品的建议，总的热量和制作总量都不会变。如果要查询替代品的热量，请登录 www.foreverdog.com。

你可能会好奇，为什么有些食材反复出现在食谱中，我们选择这些食材的原因是什么。请看如下说明：

● **鸡蛋**：鸡蛋中富含胆碱和必需氨基酸，如果鸡蛋摄入量不足，可能会导致胆碱缺乏。

● **草本植物和香料**：草本植物和香料可以满足宠物对微量矿物质的需求，尤其是锰和镁。

● **生蚝**：生蚝可以满足宠物对锌的需求。在超市中能买到水浸生蚝罐头。替换成锌补剂的话，28 克生蚝相当于 10 毫克锌补剂。

● **盐**：盐是维持电解质平衡的必需矿物质，需要从饮食中摄取。人类的食谱中使用的是普通食盐，有些盐加了碘，但并不适合不需要补充碘的成年猫。我们更喜欢用喜马拉雅（粉）盐，因为它的矿物质密度更高，而且没有添加抗结剂。

餐前准备工作

　　有些人厨艺高超，但也有一些人可能连刀具放在哪里都搞不清楚。我们的食谱都是简单易操作的，不需要什么特殊的烹饪技巧。大多数情况下，宠物全餐的备菜和我们平时做饭前的备菜步骤是差不多的。

　　诸如切块、切丁、切片、剁碎这样的工作，可以自己动手，也可以用食品加工机或搅拌器来完成。如果要剁成末，用食品加工机是最快捷的方式。像生姜、姜黄、大蒜、蔓越莓和新鲜草本植物这些含有强效成分的食材，需要处理得更细一些，以确保它们的味道、多酚、黄酮类化合物等能够均匀分布，所以必须用食品加工机处理。

　　把整块的肉搅打成泥，肉泥又滑又嫩，特别适合猫咪、幼犬或挑食的宠物。大型犬更喜欢切成小块的肉，和其他切成块、剁成末的食材一起混着吃。当宠物慢慢适应自制食物时，他们会喜欢吃大块的肉、蔬菜和水果，而那些还没有长牙的幼崽可能更需要小颗粒的食物，你要用搅拌器把所有食材混合并搅打成泥，这样更便于他们吞咽。可以通过观察宠物的粪便判断食物大小是否合适，如果粪便中能清楚地看到未消化的成形的食物，那么在下次做饭的时候就要切得更小更碎，如果要用搅拌器处理，最好再多加几茶

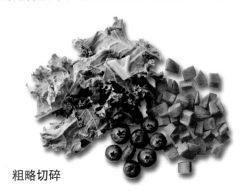

粗略切碎

切得细碎

剁成末

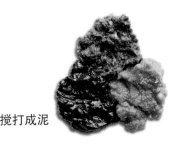

搅打成泥

匙水或肉汤。

我们的食谱大部分都是低温烹饪，无论是生的还是熟的，都要保留食材自身的水分。使用电炖锅（如克罗克电锅）效果最理想，如果没有的话，用那种带盖子的锅在炉灶上炖煮也是可以的。如果你想做一些烘焙食品，请参考 www.foreverrecipes.com 上面的食谱，尽量避免烘焙过程中的营养流失。其他的自制食谱一般不会考虑这个问题，但我们考虑到了。

食谱中所列的食材都是生的、新鲜的，你也可以用解冻后的肉、鱼、水果和蔬菜。如果是沙丁鱼、生蚝、贻贝、三文鱼，可以用新鲜的、生的、冷冻的、熟的或者罐头装的。

了解肉末的脂肪含量：

很多肉类没有标明脂肪含量百分比，而要衡量一个食谱中的营养是否全面均衡，就要掌握准确的脂肪含量，所以，我们要学着自己计算：

- 看看每份食物中脂肪的克数是多少。
- 将脂肪克数除以每份食物的重量。

$$12 克脂肪 \div 100 克食物 = 0.12 = 12\% 脂肪含量$$

如何定义"全面均衡"：

狗和猫需要从他们吃的食物中获取足量的维生素和矿物质，这样的食物是"营养全面"的，但复合维生素和天然食物补剂（如螺旋藻和浮游植物）的含量严重不足，我们的食谱会确保弥补这部分缺失，满足所有的营养需求。

"均衡"的含义解释起来有些复杂，因为 NRC（美国国家科学研究委员会）、AAFCO 和 FEDIAF 的饲料标准并没有统一的定义。我们所说的"均衡"主要是指营养素之间的关系（例如钙和磷的比例）以及消耗的营养素的量。"均衡"的食物不应超过营养素耐受度的安全上限（由 FEDIAF 制定），应提供与狗和猫的祖先或进化过程中的饮食大致相同的常量营养素（蛋白质、脂肪、水分和纤维），根据宠物代谢的需要，满足 FEDIAF 推荐的每日营养素摄取量。

如何准备食谱中的维生素和矿物质补剂?

在本书中以及 www.foreverrecipes.com 上，你会看到两种类型的食谱，一种主要使用天然食材，另一种使用了一部分维生素和矿物质补剂。使用补剂可以降低自制食物的成本，但还是需要做一些准备工作。

如果你选择了使用补剂的食谱，先确定一下需要几个胶囊，打开胶囊，把所有粉末倒入一个碗中，空胶囊扔掉。如果你买的补剂是药丸或药片，需要用研钵和杵将其碾成细粉。把骨粉、海藻粉、蛋壳粉和食谱中需要的其他补剂在碗中混合均匀，然后加入一半维生素和矿物质粉，再次混合均匀，混合好之后再加入剩下的那一半维生素和矿物质粉，然后再次混合。一定要确保这些粉末完全融合到所有食物中，让营养素均匀地分布。出于这个原因，我们建议最好从网上购买干粉状的维生素和矿物质补剂，其效果要比液体的或凝胶状的好。

如果你在后面的食谱中看到的是使用补剂的版本，你可以登录 www.foreverrecipes.com 找到相应的使用天然食材的版本。同理，如果你看到的是天然食材版本，而你更喜欢用补剂，也可以去网站上找到补剂版本。

均衡营养全餐的四种烹饪（或不烹饪）方法

　　食物的烹饪时间取决于你的个人喜好以及你想要达成的目标。所有食物都是可以生吃的，不过你可能不习惯让宠物吃生食。如果你的目标是杀死所有潜在的致病菌，只要肉的内部温度达到74℃（用肉类温度计测量），就可以停止加热了。如果你的目标是让蔬菜变得更软烂，因为你的狗狗口味敏感，喜欢软烂的食物，你可以用叉子检查一下，如果已经足够软烂，就停止加热。你也可以把蔬菜做得更有嚼劲（结实有弹性），和生的或者半熟的肉混合在一起，或者反过来，把切碎的生的蔬菜和全熟的肉混在一起。肉和蔬菜可以都做熟了吃，也可以都生吃。有时候，一直吃生食的动物长大后反而不吃生食了。你可以根据宠物的情况选择安全又营养的烹饪方式。如果你家的毛孩子比较挑食，请参考第34页的建议。

生食： 食谱中的所有食材都是可以生食的。如果你担心寄生虫的问题，可以把买回来的肉和鱼先放在冰箱里冷冻3周（这样可以杀死绦虫、蛔虫、吸虫和扁虫）。你也可以用生的蔬菜搭配蒸熟或煮熟的肉、低温慢炖的肉，然后再加入其他生食。

在炉灶上炖煮： 如果想把食物做得香气扑鼻、美味可口（达到罐头食品那样的浓稠度），那就采用炖煮的方式。按照食谱上的步骤，把锅放在炉灶上，加水没过食材，盖上锅盖，小火慢炖，加热到74℃。食材和炖煮的汤可以一起食用，一起储存，因为汤也富含营养。具体如何炖煮，请参考第226页"白鱼、羊肉和鸡蛋"的食谱。

用电炖锅低温慢炖： 如果想低温慢炖，可以把混合好的食材放入电炖锅，调成低温，不加水，直到把食物炖熟。食材自身的水分也都是富含营养的，可以一起食用。烹饪时间取决于食材、配料以及炖锅的大小。

烘焙： 烘焙类食谱可以在 www.foreverrecipes.com 上找到。这是网站自己设计的食谱，和电炖锅低温慢炖、在炉灶上炖煮这两种方式相比，烘焙会造成更多的营养流失。准备烘焙的食物要放在有盖子的托盘中，烤箱设定成能够烤熟食物的最低温度。高温加工或者不盖盖子会产生晚期糖基化终末产物（AGEs），导致营养流失。

最后我们再来说说 AGEs（详见第 68 页）。避免产生 AGEs 的最好方法就是生食，其次是低温慢炖。此外，在烹饪过程中用盖子盖住食物，可以大大减少水分流失，从而减少 AGEs 并保留营养素。

除了以上几种方式，我们不推荐用其他的烹饪方式（比如煎、烧烤、烟熏等）做宠物食物，因为那些做法会产生更多的 AGEs 或其他不需要的物质，并且会造成更多的营养流失。

给挑食的宠物做饭：

经常挑食或者身体不太舒服的宠物更喜欢吃熟的食物，因为熟食会散发出诱人的香气，勾起他们的食欲。

储存、冷冻、解冻和重新加热

如果你家里有很多毛孩子，或者你没有时间每天给他们做饭，那么你可以一次性做出两顿或三顿的量。按照我们的食谱做出来的饭都是可以冷冻保存，随时拿出来吃的。

我们建议所有的冷冻食品在 1 个月内吃完，以避免随着时间推移营养流失掉。你可以提前在冰箱里解冻，然后在 3 天内给宠物吃完。解冻后的食物就不能再重新冷冻了，生肉和其他食物要分开储存和解冻。

如果冷冻食品出现了"冻结烧"（freezer burn），也就是冷冻食品表面有一层晶体或变色的干斑，它仍然是可以安全食用的，只是流失了一些营养成分，建议搭配新鲜食物一起吃。

发现食物变质要赶快扔掉。平时要经常消毒台面、砧板和餐具。在准备生食和给宠物喂生食之后要洗手。生食不要放置在外超过两个小时。宠物吃完后要把食盆清洗干净。

如果你的毛孩子更喜欢吃温热的食物，可以把食物解冻后用双层蒸锅隔水加热。不要使用微波炉，因为它加热食物不均匀。

关于照片的说明：

每个食谱我们都会附上照片，每张照片都会突出食谱中的主要食材，但照片中的食材数量与食谱中实际的食材数量不符，有些照片也没有展现所有的食材。所以，在自制食物时，不要参考照片，而是要严格按照食谱的提示操作。

西蓝花牛肉的基础做法

第一道食谱我们只使用有限的几种食材，是想要让你知道，做一顿均衡营养全餐一点都不难。以下两个版本食谱的维生素和矿物质含量是一样的。

适合成年犬（天然食材版）
以下食材可以制作 2.6 千克
44 卡路里 / 盎司（28 克）

1400 克牛肉末，瘦肉占比90%

448 克新鲜西蓝花

6 个大鸡蛋（指重量在63 ~ 73 克的鸡蛋），去壳

224 克熟三文鱼

168 克牛肝

56 克生葵花籽

25 克小麦胚芽油

8 克姜粉

8 克丁香粉

5 克营养酵母

17 克蛋壳粉

2 克海藻粉（每克海藻粉的碘含量是 700 微克，总共含碘 1400 微克。如果你不用海藻粉而是用碘补剂，注意要和食谱中的碘含量保持一致）

1. 在一个大碗中，将所有食材（除了蛋壳粉和海藻粉）混合在一起。
2. 在一个小碗中，把蛋壳粉和海藻粉混合在一起，搅拌均匀。
3. 将混合好的一半粉末撒在食物上，充分搅拌。然后再撒上另外一半粉末，再次充分搅拌均匀。
4. 生食、炉灶上炖煮或用电炖锅低温慢炖都可以。

适合成年犬（营养补剂版）
以下食材可以制作 2 千克
50 卡路里 / 盎司（28 克）

1400 克牛肉末，瘦肉占比90%

448 克新鲜西蓝花

168 克牛肝

56 克生葵花籽

2 克盐

营养补剂
- 11 克碳酸钙
- 1400 微克碘
- 300 毫克镁
- 2500 毫克胆碱
- 10 克鱼油（每克鱼油中至少含有 250 毫克的 EPA+DHA，不添加维生素 D）
- 8 毫克锰
- 50 毫克硫胺素（维生素 B_1）
- 1000IU 维生素 D
- 100IU 维生素 E

1. 在一个大碗里，把所有食材混合到一起。
2. 在一个小碗里，把所有补剂混合到一起，搅拌均匀。
3. 将混合好的一半补剂撒在食物上，充分搅拌。然后再撒上另外一半补剂，再次充分搅拌均匀。
4. 生食、炉灶上炖煮或用电炖锅低温慢炖都可以。

天然食材版
全餐

营养补剂版
全餐

Vit
D
Vitamin D

Vit
B4
Choline

Vit
E
Vitamin E

Vit
B1
thiamine

53
I
Iodine

25
Mn
Manganese

P

20
Ca
Calcium

12
Mg
Magnesium

花园沙拉

　　这款花园沙拉是用各种绿色蔬菜做成的，红辣椒富含维生素C，黄瓜富含纤维和抗氧化剂，沙拉中还有我们最喜欢的长寿食物沙丁鱼，能提供大量的ω-3脂肪酸和辅酶Q_{10}。我们在沙拉里还添加了芝麻菜，又叫火箭生菜，富含β-胡萝卜素、益生元纤维和维生素K，它的a-硫辛酸含量也非常高，可以缓解氧化应激。芝麻菜的叶片有一种胡麻的香味，能和其他食物的味道融合在一起，即使宠物平时不喜欢吃，混在沙拉里也能让他们不知不觉地吃下去。如果没有芝麻菜，可以用其他绿色蔬菜代替。

适合成年犬，全部使用天然食材
以下食材可以制作 2.7 千克
45 卡路里 / 盎司（28 克）

1400 克牛肉末，瘦肉占比 90%

8 个大鸡蛋，去壳

168 克牛肝

168 克水浸沙丁鱼罐头，沥干水分

168 克芝麻菜

140 克带皮黄瓜

140 克红色甜椒

84 克生葵花籽

8 克干欧芹

8 克干罗勒

8 克芹菜籽

8 克干龙蒿

25 克小麦胚芽油（或者 100IU 维生素 E 补剂）

5 克营养酵母

15 克蛋壳粉

2.5 克海藻粉（每克海藻粉的碘含量是 700 微克，总共含碘 1750 微克。如果你不用海藻粉而是用碘补剂，注意要和食谱中的碘含量保持一致）

1. 在一个大碗中，将所有食材（除了蛋壳粉和海藻粉）混合在一起。

2. 在一个小碗中，把蛋壳粉和海藻粉混合在一起，搅拌均匀。

3. 将混合好的一半粉末撒在食物上，充分搅拌。然后再撒上另外一半粉末，再次充分搅拌均匀。

4. 生食、炉灶上炖煮或用电炖锅低温慢炖都可以。

海藻的复杂情况：

　　海藻是天然的碘补剂，但不同品牌的海藻粉的碘含量差异很大，所以最好认准同一个牌子。每克海藻粉含碘 700 微克，你也可以用同样剂量的碘补剂来代替海藻。我们的食谱的碘含量能满足宠物的需求，包括猫的调节代谢的需求（碘为什么如此重要，请参阅第 189 页）。

炖牛肉贻贝

　　红酒炖牛肉是法国最受欢迎的传统菜肴之一，做法就是将鲜嫩的牛肉块和西红柿、蘑菇、胡萝卜一起炖。人的食谱中需要红酒，我们在这里换成牛肝，让味道更加浓郁，还能增加饱腹感（并且满足宠物对铜的需求）。在做贻贝（富含 ω-3 脂肪酸和维生素 D）的时候我们没有加珍珠洋葱（人的食谱中有，但洋葱对狗有毒）。

适合成年犬，全部使用天然食材

以下食材可以制作 2.4 千克

42 卡路里 / 盎司（28 克）

1400 克牛肉末，瘦肉占比 90%

8 个大鸡蛋，去壳

168 克牛肝

224 克贻贝（或者 168 克熟三文鱼），也可以用 500IU 维生素 D+50 毫克镁 +2 克鱼油（每克鱼油中至少含有 250 毫克的 EPA+DHA）代替

140 克任何类型的蘑菇

140 克新鲜西红柿

140 克胡萝卜

56 克生葵花籽

8 克丁香粉

25 克小麦胚芽油（或 100IU 维生素 E 补剂）

8 克干百里香

8 克干欧芹

5 克营养酵母

2 克海藻粉（每克海藻粉的碘含量是 700 微克，总共含碘 1400 微克。如果你不用海藻粉而是用碘补剂，注意要和食谱中的碘含量保持一致）

15 克蛋壳粉

1. 在一个大碗中，将所有食材（除了蛋壳粉和海藻粉）混合在一起。

2. 在一个小碗中，把蛋壳粉和海藻粉混合在一起，搅拌均匀。

3. 将混合好的一半粉末撒在食物上，充分搅拌。然后再撒上另外一半粉末，再次充分搅拌均匀。

4. 生食、炉灶上炖煮或用电炖锅低温慢炖都可以。

≋ 祝你 ≋ 好胃口！

胆碱的重要性：

  我们需要从饮食中摄取足量的胆碱，因为它是合成乙酰胆碱（对认知功能至关重要的神经递质）的重要原料，这一点怎么强调都不为过。胆碱通过转甲基作用可以降低血浆中同型半胱氨酸的水平，从而减少炎症，增强细胞功能。**如果你不想全部使用鸡蛋，也可以用 500IU 的维生素 D 和 700 毫克的胆碱补剂代替。**

墨西哥牛肉

　　我们去墨西哥时吃到了一道菜，口感丰富（因为有香菜），富含益生元纤维和维生素 C（因为有豆薯）。豆薯又被称为山药豆或墨西哥萝卜，既可以用在这道菜里，也可以当松脆的训练零食吃。记得一定要剥皮，因为皮里面可能含有有毒的霉菌。

适合成年犬，全部使用天然食材

以下食材可以制作 2.7 千克

44 卡路里 / 盎司（28 克）

1400 克牛肉末，瘦肉占比 90%

7 个大鸡蛋，去壳

280 克生豆薯，去皮

168 克牛肝

168 克水浸沙丁鱼罐头，沥干水分

112 克牛油果

84 克生葵花籽

56 克新鲜香菜

15 克小麦胚芽油（或者 50IU 维生素 E 补剂）

9 克丁香粉

8 克孜然粉

8 克碎香菜末

5 克营养酵母

15 克蛋壳粉

2 克海藻粉（每克海藻粉的碘含量是 700 微克，总共含碘 1400 微克。如果你不用海藻粉而是用碘补剂，注意要和食谱中的碘含量保持一致）

1. 在一个大碗中，将所有食材（除了蛋壳粉和海藻粉）混合在一起。

2. 在一个小碗中，把蛋壳粉和海藻粉混合在一起，搅拌均匀。

3. 将混合好的一半粉末撒在食物上，充分搅拌。然后再撒上另外一半粉末，再次充分搅拌均匀。

4. 生食、炉灶上炖煮或用电炖锅低温慢炖都可以。

为什么要用小麦胚芽油：

　　小麦胚芽油的维生素 E 含量为植物油之冠，而维生素 E 对毛发和皮肤的健康至关重要。如果没有小麦胚芽油，也可以用维生素 E 补剂代替。15 克小麦胚芽油 =50IU 维生素 E 补剂。

阿根廷青酱牛肉

　　阿根廷牛肉名闻天下，其源远流长的历史起源于高乔人（拉丁美洲的民族之一）。300多年来，他们一直在得天独厚的天然牧场潘帕斯草原上放牧，让牛群自由享用牧草，因此能够持续出产鲜嫩味美的牛肉。厨师在做牛肉的时候，会在牛肉片上涂上阿根廷青酱，这是一种用草本植物制成的酱汁，也特别适合用在宠物食物中。在下面这个食谱中，我们把阿根廷青酱和内脏、三文鱼、生蚝拌在一起，为宠物提供全面均衡的营养。

适合生长期的幼犬，全部使用天然食材

以下食材可以制作2.9千克

42卡路里/盎司（28克）

1400克牛肉末，瘦肉占比90%

168克牛肝

168克熟三文鱼

8个大鸡蛋，去壳

98克生葵花籽

84克牛脾脏（或36毫克铁补剂）

84克生蚝（或30毫克锌补剂）

11克丁香粉

25克小麦胚芽油（或100IU维生素E补剂）

5克盐

2克营养酵母

224克冬南瓜（橡子南瓜、甜南瓜、日本南瓜、奶油南瓜或其他类型的冬南瓜）

224克夏南瓜（绿色或黄色的西葫芦、丝瓜、佛手瓜或其他类型的夏南瓜）

56克新鲜欧芹

15克干牛至

2.5克海藻粉（每克海藻粉的碘含量是700微克，总共含碘1750微克。如果你不用海藻粉而是用碘补剂，注意要和食谱中的碘含量保持一致）

44克骨粉

1. 在一个大碗中，将所有食材（除了海藻粉和骨粉）混合在一起。

2. 在一个小碗中，把海藻粉和骨粉混合在一起，搅拌均匀。

3. 将混合好的一半粉末撒在食物上，充分搅拌。然后再撒上另外一半粉末，再次充分搅拌均匀。

4. 生食、炉灶上炖煮或用电炖锅低温慢炖都可以。

生蚝补锌：

　　生蚝富含牛磺酸、维生素B_{12}，还有非常重要的微量元素锌。锌能够维护皮肤健康，支持免疫系统，在甲状腺激素合成中也发挥着重要作用。许多自制食物锌的含量不足。在猎物的牙齿、睾丸和毛发中能找到锌元素，这是锌的重要来源，但对许多人来说实在无法接受。罐头装的水产养殖生蚝价格更便宜，而且研究表明，水产养殖的生蚝含有的微塑料要比野生捕捞的生蚝含有的微塑料少50%左右。如果没有生蚝罐头，用锌补剂代替也可以。**28克生蚝=10毫克锌补剂。**

加利福尼亚牛肉

　　牛油果和橙子可能是加州最受欢迎的水果，但加州产量最高的水果是草莓，约占全国总产量的80%。对狗狗来说，草莓不仅甜美可口，而且富含黄酮类化合物、抗氧化剂和漆黄素，可以对抗氧化应激和炎症。

适合生长期的幼犬，使用营养补剂
以下食材可以制作2.4千克
46卡路里/盎司（28克）

1400克牛肉末，瘦肉占比90%

168克牛肝

168克熟三文鱼

168克牛油果

168克新鲜草莓

112克苜蓿芽

98克生葵花籽

6克盐

5克营养酵母

42克骨粉

2.5克海藻粉（每克海藻粉的碘含量是700微克，总共含碘1750微克。如果你不用海藻粉而是用碘补剂，注意要和食谱中的碘含量保持一致）

营养补剂

● 1500毫克胆碱

● 100IU 维生素E

● 54毫克铁

● 30毫克锌

● 8毫克锰

1. 在一个大碗中，将所有食材（除了海藻粉和骨粉）混合在一起。

2. 在一个小碗中，把海藻粉、骨粉和所有补剂混合在一起，搅拌均匀。

3. 将混合好的一半粉末撒在食物上，充分搅拌。然后再撒上另外一半粉末，再次充分搅拌均匀。

4. 生食、炉灶上炖煮或用电炖锅低温慢炖都可以。

印度牛肉

这道香气扑鼻的美食借鉴了印度的芝士菠菜的做法，含有细胞生长和繁殖所必需的叶酸，还有保护眼睛、抑制肿瘤的叶黄素。食谱中的小豆蔻（一种小小的绿色豆荚）不仅香甜味美，还能促进消化，具有抗炎的作用。甜菜富含甜菜素，这是一种抗氧化剂，能够减少自由基的产生，表现出基因调控活性，具有神经保护功能。甜菜还能提高体内的一氧化氮水平，有助于血管放松和扩张，从而改善血液循环，维护心脏健康。

适合活动量小的成年犬，大部分使用天然食材

以下食材可以制作 2.9 千克

44 卡路里 / 盎司（28 克）

1400 克牛肉末，瘦肉占比 90%

10 个大鸡蛋，去壳

224 克新鲜菠菜

224 克甜菜根

168 克牛肝

168 克熟三文鱼

70 克生葵花籽

30 克小麦胚芽油（或 100IU 维生素 E 补剂）

8 克姜黄粉

8 克小豆蔻籽，磨碎

8 克营养酵母

4 克黑胡椒粉（增强姜黄中的姜黄素的吸收）

2 克海藻粉（每克海藻粉的碘含量是 700 微克，总共含碘 1400 微克。如果你不用海藻粉而是用碘补剂，注意要和食谱中的碘含量保持一致）

42 克骨粉

营养补剂

- 1000 毫克胆碱
- 100 毫克镁
- 30 毫克锌

1. 在一个大碗中，将所有食材（除了海藻粉和骨粉）混合在一起。

2. 在一个小碗中，把海藻粉、骨粉和所有补剂混合在一起，搅拌均匀。

3. 将混合好的一半粉末撒在食物上，充分搅拌。然后再撒上另外一半粉末，再次充分搅拌均匀。

4. 生食、炉灶上炖煮或用电炖锅低温慢炖都可以。

酵母的作用：

营养酵母是一种天然食物补剂，富含谷胱甘肽、纤维、钾。在我们的食谱中起到至关重要作用的是其中的硫胺素。硫胺素也被称为维生素 B_1，是糖类代谢过程中的重要辅酶，能促使葡萄糖转化为能量，维持神经系统的正常运作，维护神经细胞的结构和功能。如果维生素 B_1 摄入量不足，狗狗和猫咪可能会出现呕吐、嗜睡或神经系统损伤。猫咪需要从食物中摄取的维生素 B_1 的量是狗狗的 2 到 4 倍，而营养酵母就是最好的维生素 B_1 的来源。**如果你不能给宠物喂食营养酵母，也可以用维生素 B_1 补剂代替。28 克营养酵母 =20 毫克维生素 B_1 补剂。**

春季限定芦笋牛肉

　　在意大利，进入春天就意味着吃芦笋的季节到了。从南到北，超市前的空地上随处可见农民们卖芦笋的卡车，上面写着手绘的标语：*芦笋*！芦笋富含益生元纤维、叶酸、维生素 K 和黄酮类化合物芦丁，其谷胱甘肽的含量也高于平均水平。有研究证明，芦笋还可以改善新陈代谢。就让我们用芦笋来庆祝春天的到来吧！

适合活动量小的成年犬，使用营养补剂

以下食材可以制作 2.6 千克

42 卡路里 / 盎司（28 克）

1400 克牛肉末，瘦肉占比 90%

6 个大鸡蛋，去壳

224 克芦笋

168 克牛肝

168 克三文鱼

140 克豌豆

84 克小茴香茎

70 克生葵花籽

17 克蛋壳粉

营养补剂

- 1350 微克碘
- 1500 毫克胆碱
- 300 毫克镁
- 15 毫克锌
- 8 毫克锰
- 50 毫克硫胺素（维生素 B_1）
- 100 IU 维生素 E

1. 在一个大碗中，将所有食材（除了蛋壳粉）混合在一起。

2. 在一个小碗中，把蛋壳粉和所有补剂混合在一起，搅拌均匀。

3. 将混合好的一半粉末撒在食物上，充分搅拌。然后再撒上另外一半粉末，再次充分搅拌均匀。

4. 生食、炉灶上炖煮或用电炖锅低温慢炖都可以。

关于豌豆的问题：

　　许多商业无谷狗粮会用豌豆粉或豌豆蛋白粉代替谷物，但过多食用豆类会出现严重问题。豆类富含一种叫作凝集素的糖蛋白，会粘连在肠胃的细胞壁上，进行干扰和破坏。如果每天大量摄入，凝集素有可能破坏消化道，阻止营养物质的吸收，损害肠道微生物组，并导致炎症性疾病，包括糖尿病、类风湿性关节炎和乳糜泻。煮熟的豌豆虽然味美可口，但最好只给狗狗当训练零食吃，或者当作配菜，注意控制好量，不要让狗狗过量食用（超过每天食物摄入量的 10%）。

菲律宾鸡肉牛肉蔬菜汤

　　Tinalo（蔬菜汤）是菲律宾的传统美食，把青木瓜片、辣椒、菠菜煮熟，加上鸡肉、辣木叶，在生姜味的清汤里长时间熬煮，把蔬菜的营养全部浓缩在汤汁里面。我们的食谱中又加入了富含锰的椰子奶油，能够平衡血糖水平。在毛孩子没有食欲的时候，可以试试这道营养丰富的暖胃美食。Kain tayo！（开吃吧！）

适合成年犬，大部分使用天然食材

以下食材可以制作 **3 千克**

44 卡路里 / 盎司（28 克）

1456 克牛肉末，瘦肉占比 90%

448 克鸡肉末，脂肪含量为 14%

6 个大鸡蛋，去壳

210 克牛肝

336 克新鲜菠菜

168 克木瓜

40 克小麦胚芽油（或 100IU 维生素 E 补剂）

9 克无糖椰子奶油

10 克姜粉

10 克姜黄粉

5 克黑胡椒粉

5 克营养酵母

15 克蛋壳粉

2 克海藻粉（每克海藻粉的碘含量是 700 微克，总共含碘 1400 微克。如果你不用海藻粉而是用碘补剂，注意要和食谱中的碘含量保持一致）

营养补剂
- 500IU 维生素 D

1. 在一个大碗中，将所有食材（除了蛋壳粉和海藻粉）混合在一起。

2. 在一个小碗中，把蛋壳粉、海藻粉和补剂混合在一起，搅拌均匀。

3. 将混合好的一半粉末撒在食物上，充分搅拌。然后再撒上另外一半粉末，再次充分搅拌均匀。

4. 生食、炉灶上炖煮或用电炖锅低温慢炖都可以。

浆果牛肉和鸡肉沙拉

　　这是一道新鲜味美、色彩缤纷的美食，里面加入了我们最喜欢的能随身携带的训练零食——浆果！浆果富含杨梅素，能促进癌细胞的凋亡，包括犬类的骨肿瘤细胞。黄瓜中的葫芦素具有抗炎和抗氧化的特性。把没吃完的浆果、种子和黄瓜混合在一起，就是一道快捷简单的夏日（或任何时候的）美食。

适合成年犬，全部使用天然食材
以下食材可以制作 2.6 千克
44 卡路里 / 盎司（28 克）

1008 克牛肉末，瘦肉占比 90%

336 克带皮鸡胸肉

5 个大鸡蛋，去壳

224 克三文鱼

196 克牛肝

140 克带皮黄瓜

140 克芝麻菜，或其他深绿色叶菜

84 克蓝莓

84 克树莓

56 克生南瓜子

56 克生的生蚝或生蚝罐头（或者 15 毫克锌补剂）

25 克小麦胚芽油（或 100IU 维生素 E 补剂）

10 颗生的无盐杏仁

7 克丁香粉

5 克营养酵母

15 克蛋壳粉

2 克海藻粉（每克海藻粉的碘含量是 700 微克，总共含碘 1400 微克。如果你不用海藻粉而是用碘补剂，注意要和食谱中的碘含量保持一致）

1. 在一个大碗中，将所有食材（除了蛋壳粉和海藻粉）混合在一起。

2. 在一个小碗中，把蛋壳粉和海藻粉混合在一起，搅拌均匀。

3. 将混合好的一半粉末撒在食物上，充分搅拌。然后再撒上另外一半粉末，再次充分搅拌均匀。

4. 生食、炉灶上炖煮或用电炖锅低温慢炖都可以。

觅食者的最爱

　　动物天生就是觅食者。考古学家在斯洛文尼亚的一个民居发现了新石器时代末期（大约公元前5世纪到公元前2世纪）的狗的粪便，研究表明，作为人类的伙伴，狗狗能吃各种各样的植物性食物，比如灌木以及陆生植物。下面这个食谱中有蘑菇、蒲公英嫩叶、根茎类蔬菜和富含必需脂肪酸的火麻仁（能减少炎症反应，减轻肝肾损伤，对患有慢性肾病、肝病和有心血管疾病风险的狗狗有益）。相信这道美食会让觅食者美梦成真。

适合成年犬，全部使用天然食材
以下食材可以制作2.6千克
46卡路里／盎司（28克）

1008克牛肉末，瘦肉占比90%

448克鸡肉末，脂肪含量为14%

7个大鸡蛋，去壳

224克蒲公英嫩叶

168克日晒后的蘑菇（任何类型的蘑菇都可以，具体日晒方法参见第47页，这样做可以增加蘑菇中维生素D的含量）

168克牛肝

140克菊芋

42克去壳的火麻仁

28克生的生蚝或生蚝罐头（或者10毫克锌补剂）

45克小麦胚芽油（或100IU维生素E补剂）

8克干欧芹

8克干罗勒

5克营养酵母

15克蛋壳粉

1.5克海藻粉（每克海藻粉的碘含量是700微克，总共含碘1050微克。如果你不用海藻粉而是用碘补剂，注意要和食谱中的碘含量保持一致）

1. 在一个大碗中，将所有食材（除了蛋壳粉和海藻粉）混合在一起。

2. 在一个小碗中，把蛋壳粉、海藻粉混合在一起，搅拌均匀。

3. 将混合好的一半粉末撒在食物上，充分搅拌。然后再撒上另外一半粉末，再次充分搅拌均匀。

4. 生食、炉灶上炖煮或用电炖锅低温慢炖都可以。

碘对狗狗的重要性：

　　碘是甲状腺激素的组成部分，对宠物的新陈代谢和神经发育至关重要。狗狗如果碘摄入不足，会出现甲状腺机能减退症。很多自制食物不能提供宠物需要的碘，有一个补充碘的好办法是给狗狗吃藻类产品，比如海藻。海藻不仅碘含量高，还含有益生元纤维、氨基酸和植物营养素，包括番茄红素和胡萝卜素。如果狗狗不喜欢吃海藻，也可以用碘补剂代替。0.5克富含碘的海藻粉（食谱中指定的类型）=1片或1个胶囊（350微克）碘补剂。

鸡肉牛肉秋葵浓汤

　　秋葵浓汤是南路易斯安那州的传统美食，主要由鲜味高汤、秋葵、肉类或是贝类、增稠剂和风干的蔬菜制成，风干的蔬菜一般包含芹菜、甜椒和洋葱。我们这个食谱中没有用洋葱，而是用美味的牛肉、鸡肉、沙丁鱼和蔬菜代替。Laissez les bons temps rouler！（常见于美国路易斯安那州新奥尔良的马蒂·格拉斯狂欢节的标语，意为：让美好时光永驻！）

适合成年犬，全部使用天然食材
以下食材可以制作 3.3 千克
46 卡路里 / 盎司（28 克）

1344 克牛肉末，瘦肉占比 90%

448 克鸡肉末，脂肪含量为 14%

9 个大鸡蛋，去壳

224 克新鲜沙丁鱼或水浸沙丁鱼罐头（沥干水分）

196 克牛肝

168 克红甜椒

168 克秋葵

112 克芹菜

50 克小麦胚芽油（或 200IU 维生素 E 补剂）

42 克带壳的火麻仁

56 克生蚝（或 15 毫克锌补剂）

9 克干欧芹

9 克干百里香

9 克姜黄粉

5 克营养酵母

18 克蛋壳粉

2 克海藻粉（每克海藻粉的碘含量是 700 微克，总共含碘 1400 微克。如果你不用海藻粉而是用碘补剂，注意要和食谱中的碘含量保持一致）

1. 在一个大碗中，将所有食材（除了蛋壳粉和海藻粉）混合在一起。

2. 在一个小碗中，把蛋壳粉、海藻粉混合在一起，搅拌均匀。

3. 将混合好的一半粉末撒在食物上，充分搅拌。然后再撒上另外一半粉末，再次充分搅拌均匀。

4. 生食、炉灶上炖煮或用电炖锅低温慢炖都可以。

为什么秋葵黏糊糊的：

　　秋葵切开后会有一些黏液，里面含有大量的可溶性膳食纤维，能帮助食物消化，保护胃肠道，阻止有害细菌黏附在肠道上。秋葵还含有一种非常重要的抗氧化物：天然谷胱甘肽。这是淋巴免疫细胞复制时的必要成分，也是协助肝脏排毒的好帮手。秋葵中的超氧化物歧化酶（SOD）能有效清除体内的自由基，延缓细胞的衰老。

中式爆炒白菜牛肉

　　白菜又分成许多种，有小白菜，还有大白菜。白菜是营养价值非常高的十字花科蔬菜，也是中餐里的常见菜。白菜中含有一种叫作硫代葡萄糖苷的化合物，能够预防某些癌症。它的味道微苦，加入姜和蚝油"爆炒"，宠物会非常喜欢。

适合成年犬，大部分使用天然食材

以下食材可以制作 2.7 千克

43 卡路里 / 盎司（28 克）

896 克牛肉末，瘦肉占比 90%

448 克鸡肉末，脂肪含量为 14%

9 个大鸡蛋，去壳

224 克白菜

168 克菜花

140 克牛肝

112 克生的生蚝或生蚝罐头（或 35 毫克锌剂 +2 克鱼油 + 少许盐）

112 克牛脾脏（或 54 毫克铁补剂）

57 克小麦胚芽油（或 100IU 维生素 E 补剂）

9 克姜粉

9 克丁香粉

4 克盐

4 克营养酵母

45 克骨粉

2 克海藻粉（每克海藻粉的碘含量是 700 微克，总共含碘 1400 微克。如果你不用海藻粉而是用碘补剂，注意要和食谱中的碘含量保持一致）

营养补剂

● 250IU 维生素 D

1. 在一个大碗中，将所有食材（除了骨粉和海藻粉）混合在一起。

2. 在一个小碗中，把骨粉、海藻粉和营养补剂混合在一起，搅拌均匀。

3. 将混合好的一半粉末撒在食物上，充分搅拌。然后再撒上另外一半粉末，再次充分搅拌均匀。

4. 生食、炉灶上炖煮或用电炖锅低温慢炖都可以。

牛脾脏可以补铁：

　　牛脾脏可能不容易买到，如果超市没有卖的，可以上网看看有没有冷冻的脾脏。你付出的努力是值得的，因为在同等重量下，牛脾脏的铁含量是牛肝的 5 倍，血红素铁含量是牛肝的 30 倍。铁能为器官和肌肉提供氧气，如果铁摄入不足，宠物就会变得虚弱，总是昏昏欲睡。牛脾脏中含有的两种多肽能增强免疫功能，刺激自然杀伤细胞、T 细胞和 B 细胞等免疫细胞的活性，使其更好地发挥作用，抵御病原体的入侵。如果你买不到牛脾脏，也可以用铁补剂代替。42 克牛脾脏 =18 毫克铁补剂。

牛肉和鸡肉卷饼

地中海饮食泛指希腊、西班牙、法国和意大利南部等处于地中海沿岸的南欧各国以蔬菜、水果、鱼类、五谷杂粮、豆类和橄榄油为主的饮食风格。有研究显示，这种饮食方式有助于促进长寿。来自希腊的烤肉卷饼（Gyros）是经典的地中海美食，用皮塔饼裹着烤制的猪肉、牛肉或者羊肉，再配上酸奶、黄瓜、大蒜和香菜等。我们在食谱中去掉了皮塔饼（后来我们试着用明胶飞盘复刻了一个，请见下页的照片，制作方法详见第131页），但保留了卷饼的招牌酱汁——青瓜酸乳酪酱汁，这是用青瓜（小黄瓜）和羊奶（绵羊奶或山羊奶）制成的酸奶酪做的酱汁。鸡肉中富含 ω-6 脂肪酸，如果你要在食谱中增加 ω-3 脂肪酸的比例，可以再添加 10 克 EPA/DHA 补剂（也可以用海产品或鱼油）或者 168 克沙丁鱼（新鲜的沙丁鱼或水浸沙丁鱼罐头）。

适合生长期的幼犬，大部分使用天然食材

以下食材可以制作 2.9 千克

39 卡路里 / 盎司（28 克）

896 克牛肉末，瘦肉占比 90%
448 克鸡肉末，脂肪含量为 14%
9 个大鸡蛋，去壳
224 克带皮黄瓜
112 克原味希腊酸奶
168 克生菜（任何种类的）
140 克牛肝
112 克生的生蚝（或 40 毫克锌 +1 克鱼油 + 少许盐）
112 克新鲜西红柿
84 克牛脾脏（或 36 毫克铁补剂）

40 克小麦胚芽油（或 100IU 维生素 E 补剂）
13 克干迷迭香
13 克干牛至
14 克干百里香
11 克丁香粉
4 克盐
4 克营养酵母
45 克骨粉
2 克海藻粉（每克海藻粉的碘含量是 700 微克，总共含碘 1400 微克。如果你不用海藻粉而是用碘补剂，注意要和食谱中的碘含量保持一致）

营养补剂
● 250IU 维生素 D

1. 在一个大碗中，将所有食材（除了骨粉和海藻粉）混合在一起。
2. 在一个小碗中，把骨粉、海藻粉和营养补剂混合在一起，搅拌均匀。
3. 将混合好的一半粉末撒在食物上，充分搅拌。然后再撒上另外一半粉末，再次充分搅拌均匀。
4. 生食、炉灶上炖煮或用电炖锅低温慢炖都可以。

丁香的抗炎作用：

丁香有强大的抗炎作用，其生物活性成分之一丁香酚有抗炎、麻醉等药效，还具有抗细菌、抗真菌、抗氧化等作用。丁香一定要磨碎后再给宠物吃，不能整颗喂食，容易引起窒息。在这个食谱中，我们加入了丁香粉，以满足宠物对锰的需求。如果没有丁香粉，也可以用 17 克姜黄粉或 2 毫克锰补剂代替。

牛肉和鸡肉的红色盛宴

　　这道美食可以说是一顿红色盛宴，有紫甘蓝、红肉、甜菜和石榴，它们都有益心脏健康，富含抗氧化剂的石榴可以减少狗狗内皮细胞（也称为血管内皮细胞）的氧化应激。如果你家里有幼犬，一定要先把石榴籽磨碎再喂给他吃，以免引起窒息。

适合活动量小的成年犬，大部分使用天然食材

以下食材可以制作 2.1 千克

49 卡路里 / 盎司（28 克）

896 克牛肉末，瘦肉占比 90%

448 克鸡肉末，脂肪含量为 14%

224 克甜菜根

112 克牛肝

112 克紫甘蓝

112 克新鲜石榴籽

84 克生的生蚝或生蚝罐头（或者 30 毫克锌补剂 +1 克盐）

63 克带壳的火麻仁

35 克小麦胚芽油（或 100IU 维生素 E 补剂）

8 克姜黄粉

5 克营养酵母

3 颗巴西坚果

12 克蛋壳粉

8 克骨粉

1.5 克海藻粉（每克海藻粉的碘含量是 700 微克，总共含碘 1050 微克。如果你不用海藻粉而是用碘补剂，注意要和食谱中的碘含量保持一致）

营养补剂

● 3000 毫克胆碱

● 1000IU 维生素 D

1. 在一个大碗中，将所有食材（除了骨粉、蛋壳粉和海藻粉）混合在一起。

2. 在一个小碗中，把骨粉、蛋壳粉、海藻粉和营养补剂混合在一起，搅拌均匀。

3. 将混合好的一半粉末撒在食物上，充分搅拌。然后再撒上另外一半粉末，再次充分搅拌均匀。

4. 生食、炉灶上炖煮或用电炖锅低温慢炖都可以。

功能强大的石榴：

　　食用石榴可以改善心血管、神经和骨骼健康，因为石榴中富含安石榴苷——这几乎是活性最高的多酚，具有很强的抗氧化活性。

非洲牛肉和鸡肉炖菜

这道丰盛的炖菜的主要食材之一是甘薯（东非和中非的主要作物）。甘薯富含有益肠道的益生元纤维，同时还含有丰富的β-胡萝卜素、酚类化合物和抗癌的抗氧化剂。

巴西坚果是自然界中硒含量最丰富的食物之一。硒元素是甲状腺正常运作的重要组成部分，能影响细胞因子的产生，对于免疫系统的调节有重要作用。缺硒可能会导致甲状腺疾病，每天吃两颗巴西坚果就能获得人体所需的所有硒元素。

适合活动量小的成年犬，大部分使用天然食材
以下食材可以制作 2.3 千克
48 卡路里 / 盎司（28 克）

896 克牛肉末，瘦肉占比 90%

448 克鸡肉末，脂肪含量为 14%

168 克甘薯

168 克新鲜西红柿

168 克绿西葫芦或黄西葫芦

140 克牛肝

84 克生的生蚝或生蚝罐头（或 30 毫克锌补剂 +6 毫克铁补剂 +1 克盐）

70 克去壳的火麻仁

45 克小麦胚芽油（或 100IU 维生素 E 补剂）

7 克姜粉

7 克肉桂粉

5 克营养酵母

1 颗生巴西坚果

10 克蛋壳粉

10 克骨粉

1.5 克海藻粉（每克海藻粉的碘含量是 700 微克，总共含碘 1050 微克。如果你不用海藻粉而是用碘补剂，注意要和食谱中的碘含量保持一致）

营养补剂

- 3000 毫克胆碱
- 1000IU 维生素 D

1. 在一个大碗中，将所有食材（除了骨粉、蛋壳粉和海藻粉）混合在一起。

2. 在一个小碗中，把骨粉、蛋壳粉、海藻粉和营养补剂混合在一起，搅拌均匀。

3. 将混合好的一半粉末撒在食物上，充分搅拌。然后再撒上另外一半粉末，再次充分搅拌均匀。

4. 生食、炉灶上炖煮或用电炖锅低温慢炖都可以。

牛肉和鸡肉海陆大餐

　　这道美食是陆地食材和海洋食材的完美平衡！由贻贝、生蚝、内脏、牛肉、鸡肉以及味美可口、营养丰富的水果和蔬菜组成，以肉类和鱼类为主要食材，营养均衡，你的毛孩子一定会吃得津津有味。

适合成年猫和活动量小的成年犬，大部分使用天然食材

以下食材可以制作 2.4 千克

44 卡路里 / 盎司（28 克）

896 克牛肉末，瘦肉占比 90%

448 克鸡肉末，脂肪含量为 14%

364 克生的贻贝或贻贝罐头（或 495 毫克钾补剂 +2 克盐 +50 毫克镁补剂 +4 克鱼油，每克鱼油至少含 250 毫克 EPA+DHA）

140 克蘑菇（任何种类的）

84 克密生西葫芦或黄色西葫芦

140 克牛肝

112 克牛脾脏（或 36 毫克铁补剂 +297 毫克钾补剂）

84 克鸡肝

84 克生蚝（或 30 毫克锌补剂 +297 毫克钾补剂）

43 克小麦胚芽油（或 100 IU 维生素 E 补剂）

18 克营养酵母

8 克姜黄粉

8 克肉桂粉

8 克姜粉

14 克蛋壳粉

0.75 克海藻粉（每克海藻粉的碘含量是 700 微克，总共含碘 525 微克。如果你不用海藻粉而是用碘补剂，注意要和食谱中的碘含量保持一致）

营养补剂

- 300IU 维生素 D
- 6000 毫克胆碱
- 3000 毫克牛磺酸

1. 在一个大碗中，将所有食材（除了蛋壳粉和海藻粉）混合在一起。

2. 在一个小碗中，把蛋壳粉、海藻粉和营养补剂混合在一起，搅拌均匀。

3. 将混合好的一半粉末撒在食物上，充分搅拌。然后再撒上另外一半粉末，再次充分搅拌均匀。

4. 生食、炉灶上炖煮或用电炖锅低温慢炖都可以。

老少皆宜的肉糕

    肉糕是传统的美式家常菜，分量很大，既适合宠物吃也适合人吃。我们的食谱做了个升级，把番茄酱和鸡蛋拌的牛肉馅换成了猪肉和三文鱼，再加上一些菠菜，这样营养更均衡，对宠物健康更有益。菠菜有抗癌的功效，因为它比其他绿色蔬菜含有更多的磺基喹啉二酰基甘油（SQDG）和单半乳糖基二酰甘油（MGDG），它们都能减缓癌细胞的生长。这款肉糕适合各个年龄段的猫和狗。

适合各个年龄段的猫和狗，使用营养补剂

以下食材可以制作 2 千克

42 卡路里 / 盎司（28 克）

784 克猪肉末，脂肪含量为 12%

13 个大鸡蛋，去壳

392 克三文鱼

196 克新鲜菠菜

4 克盐

33 克骨粉

2 克海藻粉（每克海藻粉的碘含量是 700 微克，总共含碘 1400 微克。如果你不用海藻粉而是用碘补剂，注意要和食谱中的碘含量保持一致）

营养补剂

- 3000 毫克胆碱
- 3000 毫克牛磺酸
- 90 毫克铁
- 10 毫克铜
- 75 毫克锌
- 200 毫克镁
- 8 毫克锰
- 1 片复合维生素 B（或 50 毫克维生素 B_{50}），碾碎
- 100IU 维生素 E

1. 在一个大碗中，将所有食材（除了骨粉和海藻粉）
   混合在一起。
2. 在一个小碗中，把骨粉、海藻粉和营养补剂混合
   在一起，搅拌均匀。
3. 将混合好的一半粉末撒在食物上，充分搅拌。然
   后再撒上另外一半粉末，再次充分搅拌均匀。
4. 生食、炉灶上炖煮或用电炖锅低温慢炖都可以。

夏威夷猪肉

大约在公元 300 年，波利尼西亚人乘船穿越大西洋，前往夏威夷，他们带去了两种动物：狗和猪。夏威夷有一种传统的食物制作方式叫 poi dog，就是把很多食物混合在一起，现在这种做法已经不再流行。我们在食谱中再次采用了 poi dog 的方式，选用了夏威夷的特色食材，其中包括菠萝，菠萝富含菠萝蛋白酶，有助于消化，缓解胃肠道刺激，减少炎症。

适合成年犬，使用营养补剂
以下食材可以制作 2.3 千克
39 卡路里 / 盎司（28 克）

784 克猪肉，脂肪含量为 12%

11 个大鸡蛋，去壳

364 克三文鱼

168 克胡萝卜

168 克新鲜菠萝

168 克香蕉

7 克丁香粉

32 克骨粉

1 克海藻粉（每克海藻粉的碘含量是 700 微克，总共含碘 700 微克。如果你不用海藻粉而是用碘补剂，注意要和食谱中的碘含量保持一致）

营养补剂

● 6 毫克铜

● 45 毫克锌

● 18 毫克铁

● 100 微克维生素 B_{12}

● 100IU 维生素 E

1. 在一个大碗中，将所有食材（除了骨粉和海藻粉）混合在一起。

2. 在一个小碗中，把骨粉、海藻粉和营养补剂混合在一起，搅拌均匀。

3. 将混合好的一半粉末撒在食物上，充分搅拌。然后再撒上另外一半粉末，再次充分搅拌均匀。

4. 生食、炉灶上炖煮或用电炖锅低温慢炖都可以。

烤猪肉加苹果酱

烤肉的香味确实难以抗拒，但我们不建议给宠物吃烤肉，因为高温加工会产生晚期糖基化终末产物（AGEs），消耗许多有益的营养物质。所以我们修改了一下食谱，让宠物既能享受美味又能得到更多营养。主要的食材是甘蓝，我们推荐用紫甘蓝，它的抗氧化剂含量是绿甘蓝的4倍，可以帮助减轻肠道炎症。苹果中的果胶有助于平衡肠道，滋养微生物组，同时防止有害微生物的生长。和你的毛孩子一起享受这道诱人的消暑大餐，共度美好的家庭时光吧！

适合活动量小的成年犬，使用营养补剂
以下食材可以制作1.9千克
40卡路里/盎司（28克）

784克猪肉，脂肪含量为12%

392克三文鱼

6个大鸡蛋，去壳

168克甘蓝（任何种类）

140克带皮苹果

84克胡萝卜

7克干迷迭香

7克肉桂粉

11克蛋壳粉

2克海藻粉（每克海藻粉的碘含量是700微克，总共含碘1400微克。如果你不用海藻粉而是用碘补剂，注意要和食谱中的碘含量保持一致）

营养补剂

- 60毫克锌
- 1500毫克胆碱
- 6毫克铜
- 300毫克镁
- 18毫克铁
- 8毫克锰
- 1片复合维生素B（或者50毫克维生素B_{50}），碾碎
- 100IU维生素E

1. 在一个大碗中，将所有食材（除了蛋壳粉和海藻粉）混合在一起。

2. 在一个小碗中，把蛋壳粉、海藻粉和营养补剂混合在一起，搅拌均匀。

3. 将混合好的一半粉末撒在食物上，充分搅拌。然后再撒上另外一半粉末，再次充分搅拌均匀。

4. 生食、炉灶上炖煮或用电炖锅低温慢炖都可以。

蔓越莓的功效：

     蔓越莓富含花青素苷和原花青素，花青素是水溶性天然色素，能让水果呈现出不同的颜色。食用蔓越莓能显著改善记忆和神经功能，向大脑输送血液、氧气、葡萄糖等。

猪肉南瓜块

让毛孩子享用一顿地道的感恩节大餐吧！这道美食中有能舒缓肠胃的南瓜、富含多酚的蔓越莓以及健脑益智的姜黄，还有抱子甘蓝——富含一种叫作硫代葡萄糖苷的生物成分，能够保护 DNA 不受损伤，预防癌症。这道美食一年四季皆可享用，能给毛孩子带来秋高气爽的好心情。

适合所有年龄段的犬类，使用营养补剂

以下食材可以制作 **2.6 千克**

43 卡路里 / 盎司（28 克）

784 克猪肉末，脂肪含量为 12%

11 个大鸡蛋，去壳

532 克三文鱼

224 克南瓜罐头或蒸南瓜泥（不是做南瓜派的馅）

224 克抱子甘蓝

112 克无盐的生南瓜子

84 克鲜蔓越莓或冷冻蔓越莓（不加糖）

8 克姜黄粉

8 克干百里香

5 克盐

32 克骨粉

8 克蛋壳粉

2 克海藻粉（每克海藻粉的碘含量是 700 微克，总共含碘 1400 微克。如果你不用海藻粉而是用碘补剂，注意要和食谱中的碘含量保持一致）

营养补剂

● 75 毫克锌

● 10 毫克铜

● 54 毫克铁

● 1500 毫克胆碱

● 200 毫克镁

● 1 片复合维生素 B（或 50 毫克维生素 B_{50}），碾碎

● 100IU 维生素 E

1. 在一个大碗中，将所有食材（除了骨粉、蛋壳粉和海藻粉）混合在一起。

2. 在一个小碗中，把骨粉、蛋壳粉、海藻粉和营养补剂混合在一起，搅拌均匀。

3. 将混合好的一半粉末撒在食物上，充分搅拌。然后再撒上另外一半粉末，再次充分搅拌均匀。

4. 生食、炉灶上炖煮或用电炖锅低温慢炖都可以。

葡萄牙式猪肉炖菜

　　葡萄牙美食以猪肉为特色，尤其是著名的伊比利亚黑猪。波比喜欢吃各种猪肉，最喜欢的是猪板筋，这是猪身上最好吃的部位。下面这道葡萄牙风味菜充分体现了葡萄牙的沿海气候特点，选用当地最受欢迎的美食，多种食物混合在一起，色彩缤纷，营养丰富。

适合活动量小的成年犬，使用营养补剂
以下食材可以制作 2.5 千克
37 卡路里 / 盎司（28 克）

896 克猪板筋，瘦肉占比 95%
448 克生菠菜
252 克生的沙丁鱼或水浸沙丁鱼罐头
4 个大鸡蛋，去壳
112 克绿甜椒
112 克红甜椒
112 克新鲜西红柿
112 克胡萝卜
112 克土豆（带皮）
85 克橄榄油
8 克新鲜大蒜
8 克姜黄粉
12 克蛋壳粉

营养补剂
- 1125 微克碘
- 8 毫克铜
- 45 毫克锌
- 半片复合维生素 B（或 50 毫克维生素 B_{50}），碾碎
- 100IU 维生素 E

1. 在一个大碗中，将所有食材（除了蛋壳粉）混合在一起。
2. 在一个小碗中，把蛋壳粉和营养补剂混合在一起，搅拌均匀。
3. 将混合好的一半粉末撒在食物上，充分搅拌。然后再撒上另外一半粉末，再次充分搅拌均匀。
4. 生食、炉灶上炖煮或用电炖锅低温慢炖都可以。

葡萄牙式猪肉炖菜

猪板筋

沙丁鱼

菠菜

西红柿

胡萝卜

绿甜椒

红甜椒

鸡蛋

橄榄油

蛋壳粉

土豆

Zn
I
E Vitamin E
Cu Copper
B₁₂ Vitamin

营养补剂

麦麸粉

大蒜

野牛肉拌羽衣甘蓝

我们喜欢给狗狗吃野牛肉，在超市可能很难买到，而且比普通牛肉贵。野牛肉脂肪含量低，富含维生素 B 族，而且带有甘甜的泥土味道。通常可以和羽衣甘蓝（富含萝卜硫素和吲哚 - 3 - 甲醇，有助于预防癌症）搭配，宠物会很喜欢吃。

适合成年犬，全部使用天然食材
以下食材可以制作 2.7 千克
40 卡路里 / 盎司（28 克）

1400 克野牛肉末，瘦肉占比 90%

9 个大鸡蛋，去壳

252 克羽衣甘蓝

196 克野牛肝

140 克四季豆

140 克蘑菇（任何种类）

56 克生的生蚝或生蚝罐头（或者 15 毫克锌 +100 毫克镁补剂）

35 克小麦胚芽油（或 100IU 维生素 E 补剂）

9 克干百里香

9 克干牛至

9 克肉桂粉

9 克姜黄粉

9 克小茴香粉

5 克营养酵母

13 克蛋壳粉

1.5 克海藻粉（每克海藻粉的碘含量是 700 微克，总共含碘 1050 微克。如果你不用海藻粉而是用碘补剂，注意要和食谱中的碘含量保持一致）

1. 在一个大碗中，将所有食材（除了蛋壳粉和海藻粉）混合在一起。

2. 在一个小碗中，把蛋壳粉和海藻粉混合在一起，搅拌均匀。

3. 将混合好的一半粉末撒在食物上，充分搅拌。然后再撒上另外一半粉末，再次充分搅拌均匀。

4. 生食、炉灶上炖煮或用电炖锅低温慢炖都可以。

野牛佛陀碗

　　佛陀碗（Buddha bowl）源自美国西海岸，是崇尚健康自然的素食主义者改良搭配出来的素食首选，之后逐渐流行开来。佛陀碗指的是一碗营养均衡、食材丰富的完整餐食，通常包含的食材有全谷类、豆类、蔬菜、水果、坚果与种子，也有人会放鸡蛋、乳制品，爱吃肉的人会放肉类、海鲜等，用大碗装得满满的。佛陀碗讲究的是营养均衡，我们这道菜不仅营养均衡，而且食材更加丰富，以野牛肉为基础食材，碗底铺满富含纤维的菊苣，这种多叶蔬菜是菊科菊苣属的草本植物，有抗病毒、抗氧化、抗炎的作用，还有抗肥胖和神经保护的活性。让毛孩子慢慢品味这道色彩斑斓的大餐吧！

适合成年犬，大部分使用天然食材

以下食材可以制作 2.6 千克

40 卡路里 / 盎司（28 克）

1400 克野牛肉末，瘦肉占比 90%

224 克菊苣

224 克蘑菇（任何种类）

4 个大鸡蛋，去壳

168 克野牛肝

168 克三文鱼

84 克猕猴桃

56 克亚麻籽和 / 或奇亚籽

2 颗生的无盐巴西坚果

6 克肉桂粉

6 克姜粉

15 克蛋壳粉

1.5 克海藻粉（每克海藻粉的碘含量是 700 微克，总共含碘 1050 微克。如果你不用海藻粉而是用碘补剂，注意要和食谱中的碘含量保持一致）

营养补剂

- 15 毫克锌
- 100IU 维生素 E

1. 在一个大碗中，将所有食材（除了蛋壳粉和海藻粉）混合在一起。

2. 在一个小碗中，把蛋壳粉、海藻粉和营养补剂混合在一起，搅拌均匀。

3. 将混合好的一半粉末撒在食物上，充分搅拌。然后再撒上另外一半粉末，再次充分搅拌均匀。

4. 生食、炉灶上炖煮或用电炖锅低温慢炖都可以。

秋季限定野牛肉

野牛的肝脏营养丰富，富含矿物质以及维生素 A、维生素 D_3、维生素 K_2 和维生素 E，这些都是祖先饮食中的主要元素。野牛肝可能比牛肝更难找到，但是值得努力尝试一下。这道菜用野牛肉搭配蔬菜，营养丰富、全面而且均衡，可以让毛孩子在一年中的任何时候体验秋天的丰收盛景。

适合成年犬，全部使用天然食材
以下食材可以制作 2.8 千克
44 卡路里 / 盎司（28 克）

1400 克野牛肉末，瘦肉占比 90%

6 个大鸡蛋，去壳

252 克野牛肝

168 克水浸沙丁鱼罐头，沥干水分

168 克冬南瓜

168 克抱子甘蓝

112 克生的生蚝或生蚝罐头（或者 45 毫克锌补剂）

70 克生葵花籽

56 克新鲜的或冷冻的蔓越莓（不加糖）

28 克牛脾脏（或 18 毫克铁补剂）

30 克小麦胚芽油（或 100IU 维生素 E 补剂）

9 克肉桂粉

9 克干百里香

9 克丁香粉

6 克盐

3 克营养酵母

44 克骨粉

3 克海藻粉（每克海藻粉的碘含量是 700 微克，总共含碘 2100 微克。如果你不用海藻粉而是用碘补剂，注意要和食谱中的碘含量保持一致）

1. 在一个大碗中，将所有食材（除了骨粉和海藻粉）混合在一起。

2. 在一个小碗中，把骨粉、海藻粉混合在一起，搅拌均匀。

3. 将混合好的一半粉末撒在食物上，充分搅拌。然后再撒上另外一半粉末，再次充分搅拌均匀。

4. 生食、炉灶上炖煮或用电炖锅低温慢炖都可以。

蔓越莓有益口腔健康：

蔓越莓有许多好处，其中之一是可以有效抑制牙龈生物膜的形成，减轻口腔内部细菌的黏附，帮助抑制高达 95% 的牙菌斑的形成。

野牛排配四季豆

炸肉排就是把切成片的嫩肉裹上面包屑进行油炸，我们在这里不用面包，也不油炸，而是以野牛肉为基础食材，肉味清淡，滑嫩多汁。因为野牛肉脂肪含量低，所以熟得很快，炖煮的时候要随时关注着。生吃也是可以的。

适合活动量小的成年犬，大部分使用天然食材

以下食材可以制作 2.7 千克

44 卡路里 / 盎司（28 克）

1400 克野牛肉末，瘦肉占比 90%

6 个大鸡蛋，去壳

168 克野牛肝

168 克新鲜四季豆

224 克生的沙丁鱼或水浸沙丁鱼罐头，沥干水分

140 克蘑菇（任何种类）

112 克生葵花籽

112 克新鲜西红柿

84 克生的生蚝或生蚝罐头（或 30 毫克锌补剂 +1 克盐）

8 克干欧芹

8 克碎百里香

8 克姜粉

5 克营养酵母

20 克蛋壳粉

2 克海藻粉（每克海藻粉的碘含量是 700 微克，总共含碘 1400 微克。如果你不用海藻粉而是用碘补剂，注意要和食谱中的碘含量保持一致）

营养补剂

● 1500 毫克胆碱

1. 在一个大碗中，将所有食材（除了蛋壳粉和海藻粉）混合在一起。

2. 在一个小碗中，把蛋壳粉、海藻粉和营养补剂混合在一起，搅拌均匀。

3. 将混合好的一半粉末撒在食物上，充分搅拌。然后再撒上另外一半粉末，再次充分搅拌均匀。

4. 生食、炉灶上炖煮或用电炖锅低温慢炖都可以。

芒果椰香咖喱配白鱼、羊肉和鸡蛋

这是一道深受宠物喜爱的美味大餐，有充满新奇味道的芒果、椰子、姜和咖喱粉。生姜中富含生长必需的微量元素锰，有助于构建胶原蛋白，增强韧带和肌腱，促进新陈代谢，维持线粒体功能。白鱼是鲤形目鲤科中十余种鱼的统称，你可以任意选择其中一种，我们推荐鳕鱼、罗非鱼、比目鱼、鲽鱼、大西洋比目鱼、鲷鱼、鲶鱼、黑线鳕和石斑鱼。

适合成年犬，使用营养补剂
以下食材可以制作 2.1 千克
40 卡路里 / 盎司（28 克）

700 克新鲜白鱼

450 克羊肉末

9 个大鸡蛋，去壳

168 克菜花

112 克新鲜芒果

112 克红甜椒

56 克不加糖的椰肉干，切片或切碎

42 克新鲜罗勒

7 克淡味咖喱粉

7 克姜粉

9 克营养酵母

10 克蛋壳粉

1 克海藻粉（每克海藻粉的碘含量是 700 微克，总共含碘 700 微克。如果你不用海藻粉而是用碘补剂，注意要和食谱中的碘含量保持一致）

营养补剂

- 45 毫克锌
- 4 毫克铜
- 100 毫克镁
- 18 毫克铁
- 100IU 维生素 E

1. 在一个大碗中，将所有食材（除了蛋壳粉和海藻粉）混合在一起。

2. 在一个小碗中，把蛋壳粉、海藻粉和营养补剂混合在一起，搅拌均匀。

3. 将混合好的一半粉末撒在食物上，充分搅拌。然后再撒上另外一半粉末，再次充分搅拌均匀。

4. 生食、炉灶上炖煮或用电炖锅低温慢炖都可以。

选择合适的咖喱粉：

咖喱粉有辛辣的、淡味的和中度的，有些还添加了洋葱粉，如果要给宠物吃，请选择不加洋葱粉的淡味咖喱粉。研究表明，咖喱可以防止大脑、心脏、肾脏和神经系统的氧化应激，并且有助于保护肝脏。

升级版牧羊人派配白鱼

　　牧羊人派，别名农舍派，是英国的传统料理，主要制作材料是土豆、羊肉等。它和肉糕一样香味诱人，同时又添加了许多蔬菜增加营养。我们的食谱去掉了土豆，加入了白鱼和欧洲萝卜——一种奶白色的根茎类蔬菜，富含益生元纤维、维生素 C 和具有抗癌作用的聚乙炔类化合物。

适合成年犬，使用营养补剂

以下食材可以制作 1.9 千克

36 卡路里 / 盎司（28 克）

700 克新鲜白鱼

450 克羊肉末

5 个大鸡蛋，去壳

112 克胡萝卜

112 克欧洲萝卜

112 克新鲜或冷冻的豌豆

112 克新鲜西红柿

8 克干百里香

8 克姜黄粉

5 克营养酵母

9 克蛋壳粉

1 克海藻粉（每克海藻粉的碘含量是 700 微克，总共含碘 700 微克。如果你不用海藻粉而是用碘补剂，注意要和食谱中的碘含量保持一致）

营养补剂

● 4 毫克铜

● 30 毫克锌

● 100IU 维生素 E

1. 在一个大碗中，将所有食材（除了蛋壳粉和海藻粉）混合在一起。

2. 在一个小碗中，把蛋壳粉、海藻粉和营养补剂混合在一起，搅拌均匀。

3. 将混合好的一半粉末撒在食物上，充分搅拌。然后再撒上另外一半粉末，再次充分搅拌均匀。

4. 生食、炉灶上炖煮或用电炖锅低温慢炖都可以。

黎巴嫩羔羊肉加白鱼和四季豆

黎巴嫩菜以其丰富的口味和独特的地中海风味而闻名，以新鲜的鱼、鹰嘴豆和五颜六色的蔬菜为主要食材。我们的食谱选用了更多营养丰富的食材，有胡萝卜、四季豆、芹菜和火麻仁等。鲜美多汁的西红柿含有番茄红素，这是一种强大的抗氧化剂，能够降低患癌症和心脏病等慢性疾病的风险，还能帮助防止眼睛的氧化损伤，有益眼部健康。

罗德尼的家人来自黎巴嫩，所以这道菜对我们来说也有着特殊的意义。

适合活动量小的成年犬，使用营养补剂
以下食材可以制作 2.1 千克
37 卡路里 / 盎司（28 克）

680 克新鲜的白鱼

450 克羊肉末

11 个大鸡蛋，去壳

168 克新鲜四季豆

84 克新鲜西红柿

84 克芹菜

84 克胡萝卜

12 克生的去皮火麻仁

8 克姜黄粉

7 克肉桂粉

6 克新鲜大蒜

4 克营养酵母

4 克黑胡椒粉

11 克蛋壳粉

1 克海藻粉（每克海藻粉的碘含量是 700 微克，总共含碘 700 微克。如果你不用海藻粉而是用碘补剂，注意要和食谱中的碘含量保持一致）

营养补剂

● 6 毫克铜

● 45 毫克锌

● 200 毫克镁

● 18 毫克铁

● 100 微克维生素 B_{12}

● 100IU 维生素 E

1. 在一个大碗中，将所有食材（除了蛋壳粉和海藻粉）混合在一起。

2. 在一个小碗中，把蛋壳粉、海藻粉和营养补剂混合在一起，搅拌均匀。

3. 将混合好的一半粉末撒在食物上，充分搅拌。然后再撒上另外一半粉末，再次充分搅拌均匀。

4. 生食、炉灶上炖煮或用电炖锅低温慢炖都可以。

白鱼、羊肉和鸡蛋

这个食谱看起来非常简单，只使用了少数几种天然食材，但营养极其丰富：鸡蛋富含胆碱，芦笋富含纤维和维生素E，白鱼富含各种矿物质（包括硒）。羊肉非常适合容易食物过敏的宠物，它比牛肉或鸡肉引起的过敏反应要少很多，草饲羔羊肉的ω-3脂肪酸含量也高于草饲牛肉。

适合活动量小的成年犬（猫），使用营养补剂

以下食材可以制作 **2 千克**

41 卡路里 / 盎司（28 克）

616 克新鲜的白鱼

12 个大鸡蛋，去壳

504 克羊肉末

196 克芦笋

14 克营养酵母

1 克盐

10 克蛋壳粉

0.5 克海藻粉（每克海藻粉的碘含量是 700 微克，总共含碘 350 微克。如果你不用海藻粉而是用碘补剂，注意要和食谱中的碘含量保持一致）

营养补剂

- 2500 毫克胆碱
- 60 毫克锌
- 2000 毫克牛磺酸
- 54 毫克铁
- 4 毫克铜
- 100 毫克镁
- 8 毫克锰
- 400 微克叶酸
- 100IU 维生素 E
- 1485 毫克钾

说明：右页这组照片将向你简单展示这个食谱的制作步骤。关于炖煮的具体做法，请见第 166 页的介绍。

1. 在一个大碗中，将所有食材（除了蛋壳粉和海藻粉）混合在一起。
2. 在一个小碗中，把蛋壳粉、海藻粉和营养补剂混合在一起，搅拌均匀。
3. 将混合好的一半粉末撒在食物上，充分搅拌。然后再撒上另外一半粉末，再次充分搅拌均匀。
4. 生食、炉灶上炖煮或用电炖锅低温慢炖都可以。

传统的西红柿鱼肉烩饭

　　我们不常给宠物喂食高碳水化合物的食物，但人吃饭大多以米饭为主食，如果你家有剩饭，可以偶尔做一顿烩饭给宠物吃，这也是葡萄牙家庭经常和宠物分享的一道传统美食。

适合活动量小的成年犬，使用营养补剂
以下食材可以制作 1.4 千克
35 卡路里 / 盎司（28 克）

672 克新鲜的白鱼

224 克新鲜西红柿

224 克胡萝卜

8 克新鲜大蒜

112 克蒸熟的白米饭

80 克橄榄油

20 颗不加盐的生杏仁，碾碎

15 克骨粉

营养补剂

● 半片复合维生素 B（或 50 毫克维生素 B_{50}），碾碎

● 1000 毫克胆碱

● 18 毫克铁

● 4 毫克铜

● 45 毫克锌

● 8 毫克锰

● 675 微克碘

1. 在一个大碗中，将所有食材（除了骨粉）混合在一起。

2. 在一个小碗中，把骨粉和营养补剂混合在一起，搅拌均匀。

3. 将混合好的一半粉末撒在食物上，充分搅拌。然后再撒上另外一半粉末，再次充分搅拌均匀。

4. 生食、炉灶上炖煮或用电炖锅低温慢炖都可以。

巴西鸡肉

　　这是一道美味的鸡肉炖菜，加入了南美风味的食材：椰子、姜和木瓜。木瓜中的木瓜蛋白酶有助于分解蛋白质（这就是做菜时放木瓜能让肉变得软嫩的原因）、促进消化、减轻疼痛和肿胀。

适合成年犬，使用营养补剂
以下食材可以制作 2.5 千克
34 卡路里 / 盎司（28 克）

1350 克去皮鸡腿肉

224 克甘蓝

4 个大鸡蛋，去壳

168 克生的沙丁鱼或水浸沙丁鱼罐头

168 克鸡肝

140 克红甜椒

140 克生木瓜，切碎

56 克不加糖的椰肉丝

7 克生姜（或 5 克姜粉）

7 克丁香粉

12 克蛋壳粉

2 克海藻粉（每克海藻粉的碘含量是 700 微克，总共含碘 1400 微克。如果你不用海藻粉而是用碘补剂，注意要和食谱中的碘含量保持一致）

营养补剂

● 75 毫克锌

● 4 毫克铜

● 1000 毫克胆碱

● 50 毫克硫胺素

● 100IU 维生素 E

1. 在一个大碗中，将所有食材（除了蛋壳粉和海藻粉）混合在一起。

2. 在一个小碗中，把蛋壳粉、海藻粉和营养补剂混合在一起，搅拌均匀。

3. 将混合好的一半粉末撒在食物上，充分搅拌。然后再撒上另外一半粉末，再次充分搅拌均匀。

4. 生食、炉灶上炖煮或用电炖锅低温慢炖都可以。

望"鸡"生畏：

　　为了满足全球日益增长的宠物食品需求，许多刚出生的小鸡就被做成猫粮狗粮。ω-6 脂肪酸产生的激素会增加炎症，而由 ω-3 脂肪酸产生的激素能起到拮抗作用并减少炎症，鸡肉中的 ω-6 水平非常高，而 ω-3 脂肪酸的含量非常少，所以我们不建议大量喂食鸡肉，最好与其他蛋白质搭配，增加食物多样性，维护整体健康。

鸡肉烩饭

　　Canja de galinha 是一道做法简单的葡萄牙和巴西风味烩饭，由鸡丝、米饭和蔬菜混合而成。我们用土豆代替米饭，用鸡腿肉、鸡胸肉和内脏做一顿丰盛的鸡肉大餐。当你的狗狗觉得冷、累或者生病、提不起精神的时候，吃上这样一餐一定元气满满。

适合活动量小的成年犬，使用营养补剂
以下食材可以制作 2.4 千克
37 卡路里 / 盎司（28 克）

504 克去皮鸡腿肉
504 克带皮鸡胸肉
10 个大鸡蛋，去壳
336 克熟土豆
224 克鸡胗
224 克鸡心
28 克骨粉

营养补剂

● 10 克鱼油，每克至少含有 250 毫克 EPA+DHA
● 900 微克碘
● 3 克添加了维生素 A 和维生素 D 的鱼肝油
● 300 毫克镁
● 6 毫克铜
● 45 毫克锌
● 8 毫克锰
● 半片复合维生素 B（或者 50 毫克维生素 B_{50}），碾碎
● 100IU 维生素 E

1. 在一个大碗中，将所有食材（除了骨粉）混合在一起。
2. 在一个小碗中，把骨粉和营养补剂混合在一起，搅拌均匀。
3. 将混合好的一半粉末撒在食物上，充分搅拌。然后再撒上另外一半粉末，再次充分搅拌均匀。
4. 生食、炉灶上炖煮或用电炖锅低温慢炖都可以。

我们的生活越来越方便快捷，但同时也产生了很多有毒物质。汽车排放出的一氧化碳尾气污染空气，聚乙烯和聚丙烯制成的微塑料污染水源。我们的家和院子可能并不像我们想象的那样安全：我们向草坪喷洒作用于神经系统的杀虫剂；用半挥发性有机化合物清理草坪，导致微生物组遭到破坏；我们用塑胶盒存放剩饭剩菜，塑胶里面含有大量干扰内分泌系统的邻苯二甲酸盐。宠物和我们一样承受了这些恶果：许多狗狗每天摄入的化学物质（包括氯吡硫磷、二嗪农和氯氰菊酯）高出上限22%，家猫可能高出 14% ~ 100%。

　　保护宠物安全，要从清除家居毒素开始。接下来我们将向你介绍自制家庭清洁剂、草坪护理剂、洗衣液、室内香氛、急救护理产品等等的配方，让你的宠物远离那些过去每天都会接触到的数千种可能致命的化学物质。我们尽力简化了配方，这样你很容易就能学会并制作出来。我们还会提供一些对抗污渍、害虫和污垢的有科学依据的方法，大部分原材料都能在家中找到。

　　让我们一起给宠物创建一个安全无忧的生活环境吧！

第二部分

打造健康家居

第五章

自制室内和户外的清洁用品

在自制清洁用品的时候，一定要严格遵循我们的配方，除非另有说明。我们选用的原材料都是无毒的，全部经过精挑细选，有科学依据证明对健康有益，如果替换或者去掉某些原材料可能会导致产品无法正常使用（尽管安全性没有问题）。打造一个整洁绿色的家居环境，你和宠物都能从中获益，这样你们就能更幸福长久地相伴。

如果想拥有绿色的草坪和没有害虫的花园，需要付出巨大的成本。这里的成本不是指金钱，而是健康成本。草甘膦是最常用的化学农药之一，它会增加患癌症的风险，引发炎症，扰乱激素功能，并导致大脑功能障碍。这些有毒物质同时也对地球造成了严重的危害，草坪中的化肥污染了我们的水域，同时向空气中释放氧化亚氮，耗尽了土壤中的养分。

从现在开始，我们动手自制安全环保的清洁用品，清除毒素，回归自然！

万能清洁剂

　　橄榄皂是用可生物降解的坚果或植物油（比如椰子油、火麻仁油、杏仁油和核桃油）制成的，虽然其中含有碱液（有助于产生泡沫），但用在肥皂中是很安全的。绝不能让宠物舔食含碱的肥皂，不过如果他们不小心接触到，也不会中毒。

以下原材料大约可以制作 1.5 杯

3 滴橄榄皂液

1 杯清水

半杯浓度为 70% 的酒精

（可选项）：2 ~ 3 滴香柠檬油或柠檬精油

把所有原材料混合在一起，倒入喷雾瓶中。

消毒喷雾

　　柠檬中的柠檬酸是天然杀菌剂，但如果你不希望房间中充满清新的柠檬味，也可以把柠檬皮换成30滴迷迭香精油或丁香精油。你还可以把这两种精油混合使用（每种15滴）。无论单独使用还是混合使用，都能对表皮葡萄球菌、大肠杆菌和白念珠菌等起到显著的抗菌作用。

以下原材料大约可以制作1.75杯

6个新鲜柠檬的外皮（或者每个柠檬挤2～3汤匙柠檬汁）

2杯浓度为70%的酒精

（可选项）：30滴柠檬精油

1. 把柠檬皮放入酒精。
2. 在密封的容器中浸泡3周，防止蒸发。
3. 将液体倒入喷雾瓶中。
4. （可选项）：如果你喜欢更浓一些的柠檬味，浸泡后可以往瓶子里滴30滴柠檬精油。

浴缸 / 瓷砖 / 洗手盆消毒喷雾

浴室一般分三类——脏、非常脏或者非常非常脏，我们为这三种类型的浴室设计了三个版本的消毒喷雾。

方案 1
适合用于普通清洁。

以下原材料大约可以制作 1.5 杯

177 毫升白醋或浓度为 70% 的酒精

177 毫升水

20 滴任选的精油（包括桉叶、迷迭香、薄荷、柠檬、薰衣草或其他精油）。你也可以把几种精油组合搭配使用，总量不超过 20 滴。

把所有原材料混合在一起（醋和酒精不要一起用，只能选其中一种），然后倒入喷雾瓶中。

方案 2
适合用于轻度清洁，能让肮脏的瓷砖勾缝变得光亮。不过，这款喷雾放置时间长了成分会变得不稳定，如果暴露在空气中和光照下，效果就会减弱，所以最好在使用之前再制作。

以下原材料可以制作 1.5 杯

177 毫升过氧化氢

177 毫升水

20 滴任选的精油（包括桉叶、葡萄柚籽、迷迭香、薄荷、柠檬、薰衣草或其他精油）。你也可以把几种精油组合搭配使用，总量不超过 20 滴。

1. 把所有原材料混合在一起，倒入喷雾瓶中。
2. 直接喷在勾缝上，静置几分钟，然后用硬毛刷刷洗干净。

方案 3
适合用于清洁有污渍的表面。

小苏打
过氧化氢

1. 在洗手盆、浴缸、浴室的地面或其他物体表面撒上小苏打。
2. 静置 1 ~ 2 分钟，然后用刷子、海绵或毛巾擦洗。
3. 将少量过氧化氢倒在布、海绵或刷子上，继续擦洗。
4. 静置 1 ~ 2 分钟（如果污渍比较顽固，就需要更长时间），然后用水冲洗干净。

精油用途广泛：

有些精油有显著的抗菌特性，非常适合用来做清洁用品。有些精油有天然的香气，那独特的味道能让心灵变得宁静。购买精油时要选择值得信赖的品牌，选高品质的100%纯精油，不要选合成精油。另外，千万不要往宠物的身上涂抹精油。如果家里有人对精油过敏，建议不要使用。

- 桉叶精油：可以帮助改善季节性过敏，减轻过敏反应的严重程度。
- 柠檬精油：具有强大的抗病毒作用。
- 甜橙精油：能有效缓解焦虑和压力，可以在洗衣服、床单、毛巾、浴袍和枕套时滴几滴。
- 薄荷精油：室内的天然驱虫剂。
- 百里香精油：强大的抗真菌剂，保护皮肤免受细菌和真菌感染。
- 迷迭香精油：见第 72 页的介绍。
- 丁香精油：见第 73 页的介绍。
- 楝树油：高效的杀虫剂。
- 柏木油：可以驱除害虫，特别是蜱虫。
- 猫薄荷精油：见第 264 页的介绍。
- 天竺葵精油：极好的驱蚊剂。

特别提示，请不要在宠物周围使用以下精油：

- 茶树精油可能会引发猫咪的过敏反应。
- 胡薄荷油可能会引发狗狗的过敏反应。

擦洗清洁剂

可用于清洁水槽、台面等，这些地方需要轻柔擦洗，不能留下划痕。

1 杯小苏打

1 杯橄榄皂液

25 ~ 50 滴甜橙和 / 或柠檬精油

25 ~ 50 滴迷迭香和 / 或柠檬草精油

2 茶匙植物甘油

1. 将所有原材料倒入一个瓶子里；

2. 每次使用前都需要充分摇匀。

石材台面清洁剂

可用于清除花岗岩、大理石等石材台面上的大大小小的污渍。

以下原材料大约可以制作 2.5 杯

2 杯水

半杯酒精

3 ~ 5 滴橄榄皂液

（可选项）：15 毫升胶体银

（可选项）：3 滴精油

1. 将所有原材料倒入喷雾瓶中，充分摇匀；

2. 直接喷在污渍上，然后用柔软的布擦拭干净。

别让猫成为"煤矿里的金丝雀"：

　　从前的矿工会用金丝雀来测试煤矿内的空气是否有毒。如果金丝雀死亡，就说明煤矿内存在致命的气体浓度。最近的一项研究观察了猫和狗被常见污染物（包括多氯联苯、多溴联苯醚、有机氯农药、杀菌剂、有机磷阻燃剂和三聚氰胺）侵袭后的血清、全血、毛发和尿液，总体来说，猫体内的污染物浓度更高，因为猫无法代谢这些化学物质。

纯白醋

地面清洁剂

  可以用于清除瓷砖地面上的污渍和灰尘，或者用于日常清洁。

以下原材料大约可以制作 5.5 杯

4 杯水

1 杯白醋

半杯浓度为 70% 的酒精

（可选项）：3 滴精油，可任选一种

  把所有原材料倒入瓶中，充分摇匀，用拖布蘸取后擦拭地面。清洁后不需要用清水冲洗。

木地板清洁剂

  我们家中的地板上都有大量的细菌，包括粪球菌属，许多地板上还存在着好几种耐药菌。这款清洁剂可以用于木地板，能去除污渍、灰尘，还有讨厌的细菌。

以下原材料大约可以制作 5 杯

4 杯水

1/4 杯白醋

1 茶匙橄榄油

（可选项）：5 滴精油

  把所有原材料倒入瓶中，充分摇匀，用拖布蘸取后擦拭地面。清洁后不需要用清水冲洗。

家具抛光剂

木材表面比较脆弱，在使用自制的家具抛光剂之前，先在家具的隐蔽处测试一下。

以下原材料可以制作1/3杯多一点

1/4 杯白醋

2 茶匙橄榄油

2 ~ 4 滴柠檬精油

1. 把所有原材料倒入喷雾瓶或普通的瓶子中，充分摇匀。
2. 用干净的布蘸取后擦拭家具表面。

室内香氛喷雾

　　我们会在第252页介绍空气清新剂的配方，它能让大房间（甚至是整所房子）散发清新的味道，而这款室内香氛喷雾适合小房间（比如单人房）使用。

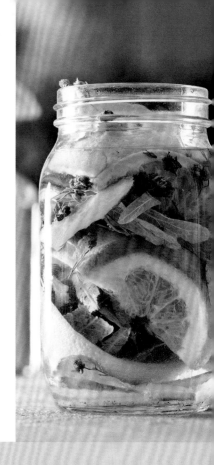

以下原材料可以制作2杯

1 杯水

1 杯57度（或以上）的榛子味伏特加或者调香酒精

10 滴（或更多，根据你的气味偏好选择）精油（可以单独使用一种精油，也可以使用精油组合，如柠檬、酸橙、甜橙、薰衣草、葡萄柚、洋甘菊、佛手柑、鼠尾草、迷迭香、柠檬草、姜、马郁兰、乳香、菩提花或其他精油）。卡伦最喜欢的组合是丁香、甜橙和菩提花精油。你也可以把你喜欢的草本植物和果皮放进瓶子里。

1. 把所有原材料倒入喷雾瓶中。

2. 摇匀后喷洒。

玻璃清洁剂

　　这款玻璃清洁剂使用了我们最喜欢的环保清洁材料之一——醋，你也可以把它作为漂洗剂使用（在你平时用漂洗剂的地方使用就可以），还可以用来清洁排水管（往排水管中倒入半杯小苏打，然后再倒入1杯白醋，等不再出泡沫的时候用温水冲洗），或者作为清洁不锈钢的喷雾，等等。

以下原材料大约可以制作1.5杯

1 杯水

1/4 杯白醋

1/4 杯酒精

把所有原材料倒入喷雾瓶，充分摇匀。

洗涤剂

你可以用这款高效无毒的洗涤剂清洗宠物的玩具、床、衣服等。

以下原材料大约可以制作 3.8 升，正常用量下可以洗涤 64 次

1 杯小苏打

1/4 杯海盐

略少于 3.8 升的温水

1 杯橄榄皂液

（可选项）：25 ~ 50 滴任意选择的精油（茶树、柠檬草、柠檬、薄荷、薰衣草精油等）

1. 将小苏打和盐倒入一个 3.8 升的空瓶子里。
2. 倒入 2 杯温水，不停摇晃，使小苏打和盐溶解。
3. 倒入橄榄皂液，充分摇匀。
4. 如果需要的话，加入精油。
5. 继续往瓶子中加温水，直至加满。

每次洗涤的用量是 1/4 杯。

烘干纸

　　如果你的衣服从烘干机中拿出来时有一股清新的味道，要知道这种味道实际上来自烘干纸里的有害的化学添加剂。如果你没有闻到什么味道，那是因为商家使用了一种化学物质掩盖了它原有的气味。现在我们来试试自制环保烘干纸吧。

1/2 杯白醋

1 杯水

15 ~ 20 滴任意选择的精油（甜橙、柠檬和薰衣草精油都是不错的选择）

1. 将所有原材料倒入一个带有紧固盖的玻璃罐中。

2. 把几块抹布或剪碎的旧 T 恤放入罐中进行浸泡。

3. 每次使用烘干机时，放入一块浸泡好的布。

4. 把布烘干后，再重新放回罐中浸泡。

不环保的洗衣方式：

　　美国家庭平均每周要洗 36 千克衣物，如果使用传统洗涤产品，洗衣服时产生的毒素会渗入潜水面，并进入空气。以下是洗涤剂和烘干纸中的一些有害化学物质：

- **壬基酚聚氧乙烯醚（NPEs）：** 会破坏内分泌系统的功能，有损胎儿发育，并且可能导致器官功能障碍。这种化学物质在欧盟和加拿大已经被禁止使用，但美国仍在使用。

- **线性烷基苯磺酸盐（LAS）：** 制造这种化学物质的过程中，会把致癌物和苯等毒素释放到环境中。有证据显示，它们可能会促进结肠癌细胞的生长。

- **1，4 - 二氧杂环己烷：** 这是一种溶剂，可能会刺激皮肤、眼睛和呼吸道，并且对肝脏和肾脏造成损害。它在地下水中普遍存在，科学家们认为它是一种真正令人担忧的污染物，而且由于它的化学性质，很难被彻底清除。

织物除臭剂

　　如果你没时间清洗衣服、床单、家居用品或毛巾，不要买商店里的除臭喷雾（那些东西有毒），可以试试自制除臭剂。除了有除臭功能，它还可以作为防蚁剂和杀虫剂使用。记得不要用在花岗岩、石材或植物上，因为醋会对它们造成损害。

以下原材料大约可以制作 1 杯

1 杯白醋

5 滴精油（我们喜欢用柠檬、迷迭香、柠檬草或薰衣草精油。如果你喜欢更浓郁的香味，可以多加几滴）

（可选项）：你可以把柑橘皮和草本植物浸泡在醋里，代替精油。可以根据你对香味的偏好自由添加。

如果用作喷雾剂：

1. 把醋倒入喷雾瓶中。
2. 加入精油、草本植物或果皮。注意：如果是用草本植物或果皮代替精油，那就找一个1000 毫升的瓶子，把它们放进去，装满，再把醋倒入瓶子，浸泡 8 ~ 10 天。过滤出浸泡好的醋，倒入喷雾瓶。
3. 摇匀后喷洒。

如果用作房间除臭剂：

把白醋和精油或者浸泡过的醋倒入碗中，把碗放在需要除臭的房间里。

使用新瓶子：

　　不要把醋倒进用过的或旧的清洁剂瓶子里，因为塑料里会有微量的清洁剂残留，从而产生有害的蒸气。记得每次都要使用新瓶子。

地毯除臭粉

从市场上购买的地毯除臭粉中最常见的成分是全氯乙烯，这是一种已知的致癌物，会导致认知和神经系统受损。当你吸入它时，它就会通过空气传播，再被别人吸入。如果想让你的地毯焕然一新，请避开有毒物质，试着自己制作这款简单易做的除臭粉吧。

以下原材料大约可以制作 2 杯

2 杯小苏打

25 ~ 40 滴你喜欢的精油，可任意组合搭配

1. 在一个碗中混合小苏打和精油，用打蛋器充分搅拌，直到把所有块状物搅碎。

2. 倒入玻璃罐中，静置 20 分钟。

3. 吸尘前撒在地毯上。

地毯清洁剂

　　家有宠物，地毯上免不了就会经常出现污渍。使用这种自制地毯清洁剂，可以去除人和宠物在地毯上留下的任何污渍。

以下原材料大约可以制作 1.25 杯

1/4 杯白醋

1 杯温水

1 茶匙洗洁精

小苏打的剂量根据需要清洁的面积决定

1. 把醋、水和洗洁精倒入喷雾瓶里。
2. 在污渍上面撒上一层小苏打，把污渍完全覆盖住。
3. 等小苏打变干，用吸尘器吸干净。
4. 把刚才混合好的溶液喷在污渍上。
5. 用一块干净、湿润的白布擦拭污渍，直到上面没有小苏打残留。
6. 用白布蘸水擦拭，然后再用干布擦干，直到去除所有残留物。
7. 根据需要，重复上面的步骤，直到完全去除污渍。
8. 如果仍然有溶液或小苏打残留，用水和白醋比例为 3：1 的混合溶液擦拭，然后吸干。

记得随时吸尘：

　　这款环保的地毯清洁剂能有效去除污渍，但你还是要记得每周至少吸尘一次，清除尘螨、皮屑、蟑螂过敏原、污染物、霉菌孢子、杀虫剂和黏附在地毯上的有毒气体。所有这些都会增加你和你的毛孩子出现轻度认知损伤、过敏、发炎和哮喘症状的风险。

　　美国肺脏协会和美国国家环境保护局（EPA）建议使用带高效空气过滤器（HEPA）的吸尘器，并且每年请专业人士给家里的地毯进行深度清洁。

调制香氛

很多用于"清新"家居空气的产品可能具有令人难以置信的毒性。罗德尼就曾有过惨痛教训，香薰机中的某种成分差点夺走了他的狗狗舒比的生命。空气清新剂、香薰蜡烛等都含有挥发性有机化合物，包括甲醛、石油馏分、柠檬油精、酯和醇。空气清新剂还含有干扰内分泌的化学物质，这些物质可能导致癌症、糖尿病、肥胖和代谢综合征。你可以试着自己制作各种香氛的空气清新剂，根据自己的喜好调整用量即可。

清晨的阳光

1/4 杯烘焙咖啡豆或干咖啡渣

3 ～ 4 根肉桂棒

1 ～ 2 粒香草豆或 1 汤匙香草香精

1 ～ 2 汤匙小豆蔻

秋日香氛

1 个苹果，切片或切块，保留果皮

1 汤匙南瓜派香料或 3 ～ 4 块南瓜皮

3 ～ 4 根肉桂棒

1 汤匙丁香粒

2 ～ 3 茶匙肉豆蔻

1 汤匙香草香精或 1 ～ 2 粒香草豆

（可选项）：用苹果酒替代水

冬日假期

半杯到 1 杯新鲜蔓越莓

1 个橙子，切片，保留果皮

3 ～ 4 根肉桂棒

2 枝迷迭香

1 汤匙丁香粒

春日花园

2 ～ 3 个酸橙或柠檬，切片，保留果皮

1 ～ 2 枝迷迭香或百里香

2 ～ 3 枝薄荷

2.5 厘米长的生姜，切片

（可选项）：薰衣草

1. 以上几种香氛的制作步骤都是一样的。将一小锅水煮至沸腾（或者用电炖锅慢炖），然后倒入所需的原材料。

2. 转小火或低温，慢炖 2 ～ 3 小时，让香气在家中飘散。如果需要的话，可以再加水。

自制经济实惠的空气净化器

室内空气污染物（尤其是化学物质丙烯醛和砷）会导致人类和宠物患膀胱癌。带有 HEPA 的空气净化器比其他设备能更有效地降低室内空气污染的程度，但它的价格比较贵。我们更喜欢使用这种自制的"空气净化器"，物美价廉，能够去除灰尘、花粉、化学物质、烟雾、皮屑等。

直径 50 厘米的风扇
50 厘米 ×50 厘米的空气过滤器白色覆网打褶棉 / 汽车空调空气过滤器
（中效过滤器等级：MERV‑13）
透明打包胶带

1. 将空气过滤器垂直放在风扇背面。
2. 用打包胶带将风扇和过滤器固定在一起，确保中间没有缝隙。
3. 打开风扇。

净化空气的其他方法：

如果你不想自己动手制作空气过滤器，还有许多其他方法可以有效地清除家中空气中的毒素、过敏原等。

- **购买高效空气过滤器（HEPA）：** 它能够捕获 99.97% 的小至 0.3 微米的颗粒（一根头发的宽度是 100 微米，可以参考对比一下）。请注意，HEPA 滤网可以过滤吸附空气中的微生物和其他污染物，但不能主动杀灭病毒、细菌等致病性微生物。在欧洲，一个过滤器只需要捕获 85% 的粒径为 0.3 微米的颗粒就是合格产品，而美国标准需要通过捕获 99.97% 的颗粒的 HEPA 认证。因此，美国标准通常被称为"真正的 HEPA""超 HEPA"等等。

- **在房间里摆放对宠物安全无害的盆栽植物：** 盆栽植物土壤中的微生物可以帮助去除苯（存在于石油产品中）、三氯乙烯（来自油漆、清漆等）和甲醛（来自绝缘材料、纸制品等）。只需要 8 个小时，室内盆栽植物就能去除多达 97% 的最有毒性的室内污染物。在家中种植盆栽植物还可以将一氧化碳含量降低近一半，将挥发性有机物含量降低 75%，将颗粒物浓度降低 30%。

- **打开窗户：** 如果房间通风良好，可以把电器产生的气体、灰尘和积聚的污染物扩散出去。

- **使用天然无毒产品：** 使用含有刺激性成分的产品，就是在污染家中的环境和空气。

- **随时清洁猫砂盆、地毯和宠物：** 参见第 251 页。地毯会藏匿各种污染物和毒素。如果不定期清洁猫砂盆，可能会在房间中积聚氨气，而且猫屎中的刚地弓形虫卵会通过空气传播，导致弓形虫病。此外，狗狗的皮毛里可能会有灰尘、污垢、粪便、细菌和污染物，通过狗狗传播到你的家里。

- **在宠物的饮食中添加蔬菜：** 研究发现，伞形科蔬菜（包括胡萝卜、欧芹、芹菜和欧洲萝卜等）可以减少由丙烯醛（一种存在于汽车尾气和香烟烟雾中的化学物质）引起的氧化应激。给宠物喂食这些蔬菜可以帮助他们的肝脏转化和排出体内的丙烯醛。

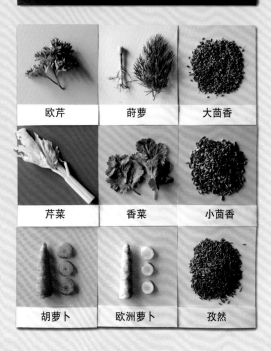

伞形科蔬菜

欧芹	莳萝	大茴香
芹菜	香菜	小茴香
胡萝卜	欧洲萝卜	孜然

防蚂蚁喷雾

如果在家中发现蚂蚁，你可以在这款喷雾中加入广藿香油，它能够驱除 80% 以上的三种不同类型的蚂蚁！

2 杯醋（白醋或苹果醋都可以）

1 杯水

1 汤匙洗洁精

15 ~ 20 滴精油（薄荷、广藿香和 / 或雪松精油）

1. 将所有原材料混合在一起，倒入喷雾瓶。

2. 使用前充分摇匀。

除草剂

　　肉桂精油是效果出色的除草剂，科学家甚至推荐用它来替代传统的化学除草剂。我们很喜欢它的香味！

以下原材料大约可以制作 950 毫升

950 毫升白醋（10% ~ 20% 乙酸）
30 毫升甜橙精油
15 毫升肉桂精油

1. 把所有原材料倒入一个大喷雾瓶中。

2. 在一天中温度最高（温度最好在 21℃以上）、有阳光直射的时候，直接用溶液喷洒杂草。这种方法在土壤干燥时使用效果最好，如果天气预报有雨，就不要在那天使用。

3. 让宠物远离喷洒过的区域，直到地面变得干燥，因为湿润的溶液会刺激皮肤。

第六章

自制身体护理用品

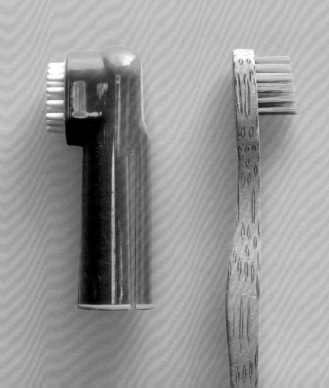

宠物的身体需要精心护理，包括爪子、耳朵、皮毛等等。大多数宠物美容产品都含有一长串你叫不出名字的潜在刺激性成分以及大量的合成香料。我们的配方很简单，原材料也都很干净，能让护理变得更安全。

给猫咪洗澡的小贴士：

大多数猫咪讨厌洗澡，所以在洗澡前一天要给他修剪指甲，把他放进水池之前要做好一切准备。然后：

● **找个朋友帮忙：**如果两个人一起，一个负责按住猫咪，一个负责洗，这样会洗得更快。
● **稀释沐浴露：**稀释后的沐浴露更容易涂抹到全身的皮毛上，而且能更快冲洗干净。方法就是另外找一个瓶子，加入少量的"简易沐浴露"（约1/4杯，制作方法见第260页）和2杯温水，然后摇匀。
● 在水池底部放一条旧毛巾（如果猫的脚不打滑，他会觉得更安全）。
● 确保淋浴喷头的水压设置为中低，水温为温，而不是热。
● 洗完后，好好冲洗。用毛巾把猫咪包起来，抱到暖和的地方，直到他的皮毛干透。

简易沐浴露

1/4 杯橄榄皂液
半杯水
1 茶匙融化的椰子油

1. 把所有原材料混合均匀。
2. 彻底冲湿宠物的皮毛，然后用自制的沐浴露搓毛发和皮肤，避开面部和耳朵。
3. 彻底冲洗干净。

止痒沐浴露

这款止痒沐浴露包含能抵抗酵母感染并且有舒缓作用的椰子油、能消炎的天竺葵精油和有镇静作用的薰衣草精油，能够缓解皮肤瘙痒。

1/4 杯橄榄皂液
半杯水
1 茶匙融化的椰子油
10 滴薰衣草精油
10 滴天竺葵精油

1. 将所有原材料混合均匀。
2. 彻底冲湿宠物的皮毛，然后用沐浴露搓毛发和皮肤，避开面部和耳朵。
3. 彻底冲洗干净。

试试碳酸水：

碳酸水也可以有效地缓解皮肤瘙痒，因为它能促进血液流动，而且不会对皮肤功能产生负面影响。

护毛素

这款护毛素具有保湿、舒缓的作用，并且有梦幻般的味道，可以在宠物洗澡后使用。

以下原材料大约可以制作 1/3 杯

1 汤匙融化的椰子油
1 汤匙任选的精油（荷荷巴、摩洛哥坚果、橄榄或牛油果精油）
1 汤匙蜂蜜
1 汤匙水或任选一种茶（我们喜欢迷迭香茶）
1 汤匙竹芋粉

1. 把所有的原材料混合均匀。
2. 给宠物洗完澡后涂抹在毛发上，避开脸部和耳朵。
3. 静置 5 ~ 10 分钟，然后彻底冲洗干净。

这款护毛素在冰箱中最多能保存 3 天。

驱虫沐浴露

　　这款全天然沐浴露能有效驱除跳蚤，但像所有的驱虫产品一样，它可能无法提供100%的保护，所以平时要随时注意给宠物清理毛发中的跳蚤，并且每天吸尘。

以下原材料大约可以制作 1.5 杯

1 杯开水
绿茶茶包
薄荷茶茶包
半杯橄榄皂液
1/4 杯芦荟胶
20 滴楝树油
（可选项）：10 滴薰衣草或柠檬草精油

1. 把锅里的水烧开。
2. 把茶包泡在沸水里。
3. 取出茶包，等水晾凉。
4. 加入橄榄皂液和其他原材料，搅拌均匀。
5. 用这款沐浴露给宠物洗澡，避开眼睛、鼻子、嘴巴和耳道。充分搓出泡沫，让沐浴露覆盖宠物全身。最后用清水洗净即可。

益生菌止痒清洗剂

　　这款清洗剂可以帮助解决宠物的皮肤瘙痒问题，如果使用之后没有缓解，或者宠物感到很痛苦，一定要带他去看兽医，因为皮肤瘙痒可能是潜在疾病的征兆。

以下原材料大约可以制作 3 杯

半杯原味康普茶（也称为茶菌或蘑菇茶，是一种甜味碳酸饮料。通过将细菌和酵母加入糖和茶中，然后让混合物发酵而成）

1 杯绿茶

1 杯薄荷茶

半杯金缕梅酊剂

半汤匙初乳粉

1 茶匙益生菌粉（孢子型或土壤基益生菌粉最好）

1. 在碗中混合所有原材料，搅拌均匀。或者将混合物倒入喷雾瓶中。

2. 从宠物脖子以下的部位开始喷洒，避开眼睛。

3. 涂在皮肤上揉搓，然后用毛巾擦干。不要冲洗。

驱蚊喷雾

　　猫咪很喜欢猫薄荷，因为它能够舒缓皮肤。但蚊子很讨厌猫薄荷，因为猫薄荷中含有一种叫作荆芥醇（nepetalactol）的化学物质，会刺激蚊子，让它产生不舒服的感觉，这样就能把蚊子赶走。

以下原材料大约可以制作 2.5 杯

1. 把原材料倒入喷雾瓶中，混合均匀。
2. 使用前充分摇匀，出门前喷在身上，避开头部。
3. 在室外活动时，每两个小时补喷一次。

2 杯水

1/4 杯
柠檬汁

4 汤匙
香草香精

20 滴
猫薄荷精油

驱蚊喷雾

驱虫剂

棟树油（neem oil）是从印棟树中萃取获得的植物杀虫剂。它不能直接将虫子杀死，而是让虫子吃了树叶之后失去食欲，因而饿死。另一方面，它还会破坏虫子的繁殖能力。香草含有芳香挥发油、抗氧化剂和杀菌剂，可以驱赶蚊虫和苍蝇，净化空气。芦荟胶有乳化作用，可以使各种成分均匀混合在一起。

以下原材料大约可以制作 1.25 杯

1 茶匙棟树油

1 茶匙香草香精

1 杯金缕梅酊剂

1/4 杯芦荟胶

1. 将所有原材料倒入喷雾瓶中，用力摇晃，充分混合均匀。

2. 每次使用前摇匀，然后立即喷在宠物身上。（避开眼睛！）

3. 在户外活动时，每 4 小时补喷一次。每两周制作一瓶新的驱虫剂。

驱虫妙招：

卡伦最喜欢的驱虫方法之一是把全天然的驱虫喷雾喷在狗狗的围兜上，这样狗狗身上就不会变得又臭又黏了。无论使用了什么驱虫产品，当狗狗从外面回来之后，你都要用梳子给他们梳梳毛，检查是否有跳蚤和蜱虫。跳蚤是一种讨厌的生物，会导致绦虫病或跳蚤过敏性皮炎。你可以用驱虫沐浴露（参见第 262 页）或跳蚤梳来帮助驱除它们。遭到蜱虫叮咬可能会危及生命，所以要仔细检查狗狗耳朵的后面、脚垫、腿下面和其他蜱虫喜欢钻进去的地方。目前没有任何杀虫剂能 100% 有效驱除蜱虫。

皮毛清新喷雾

给宠物洗澡的时候，可以用这款喷雾让皮毛的味道变得清新。

根据选择的添加物，大约可以制作 2 ～ 3 杯

半杯苹果醋
半杯绿茶
1 杯蒸馏水
（可选项）：
半杯薄荷茶
半杯金盏花茶
5 滴薰衣草精油

1. 把所有原材料混合均匀。
2. 倒入喷雾瓶中。
3. 摇匀，根据需要喷洒，让宠物的皮毛保持清新的味道。
4. 可以在冰箱中冷藏保存 1 个月。

简易眼部清洁液

我们要注意保持宠物的眼部清洁，随时去除刺激物和过敏原。许多宠物的毛发会刺激眼睛，需要每天帮他们清理一次眼屎。可以用一块干净的湿布，蘸取一些胶体银或者自制的清洁液，给宠物的眼部消毒并清理眼屎。如果还是难以去除，可以在分泌物堆积并且已经结痂的地方涂点椰子油，第二天眼屎就能轻易脱落了。

以下原材料大约可以制作半杯

1/4 杯有机无泪婴儿洗发露
1/4 杯蒸馏水

1. 在一个干净的瓶子里混合所有原材料。
2. 把 1 茶匙清洁液倒在干净的毛巾或一次性棉片上，轻轻地擦拭宠物眼部周围的皮毛。重复这个步骤，直到清除所有眼屎。最后用清水擦拭干净。

皮毛清新喷雾

耳道清洁液

　　宠物的耳道是 L 型的 90 度垂直结构，脏东西一旦进入耳朵深处，很容易堆积在里面，滋生细菌和真菌。如果耳道潮湿，就更为细菌的繁殖提供了温床。这款耳道清洁液可以帮助清洁耳道，注意不要使用窄而尖的工具，容易刺破鼓膜。如果狗狗经常抓挠、摩擦耳朵，把头往一个方向倾斜，或者耳道发红，有分泌物和异味，这都是炎症或严重感染的迹象，一定要赶紧带他去看兽医。

以下原材料大约可以制作 2/3 杯

1/3 杯金缕梅酊剂

3 汤匙双氧水

1 汤匙苹果醋

1 汤匙胶体银

1. 在碗中混合所有原材料。

2. 倒入一个干净、干燥、有密封盖的容器中，需要用的时候，倒在化妆棉上，让液体完全浸透。

3. 清洁耳道时，可以多次使用。

4. 用干棉球擦干耳道。

5. 把清洁液置于阴凉干燥处，每周制作一瓶新的。

牙膏

这款自制牙膏能让狗狗的口气变得清新。它含有石榴提取物,研究发现,这种物质可以抑制某些细菌生物膜的生长,阻止牙周病的发展。

以下原材料大约可以制作 1/4 杯

1. 把液体椰子油倒入一个小碗中,或者直接倒入一个小的密封容器中。
2. 加入小苏打或膨润土、石榴提取物(打开胶囊,倒出粉末。如果是片状的,就磨成粉末)、微量矿物质和精油(如果需要的话)。
3. 把所有食材混合均匀,倒入密封容器(如果刚才是在碗里混合的)。
4. 盖紧盖子,储存起来。

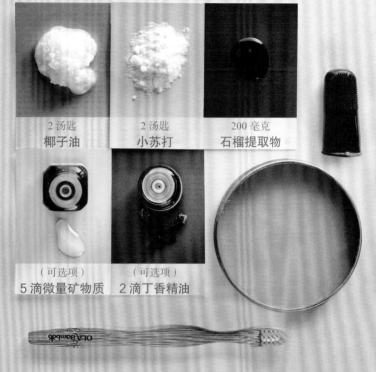

2 汤匙
椰子油

2 汤匙
小苏打

200 毫克
石榴提取物

(可选项)
5 滴微量矿物质

(可选项)
2 滴丁香精油

改善口腔健康:

如果不注意口腔卫生,对狗和猫来说会有健康隐患,导致心脏、肾脏和肝脏疾病。据统计,3 岁以上的狗狗至少有 80% 患有某种形式的牙周病,猫的比例可能更高(研究显示,有 96% 的猫牙龈发炎)。以下是一些保持口腔卫生的简易方法。

- 首先要做到的是,在你触摸狗狗和猫咪的嘴巴时,他们不会抗拒,并且感到舒适。你可以每天轻柔地抚摸他们的面部,让他们逐渐适应。
- 当宠物能接受你触摸他们的面部和牙龈时,下一步就是在手指上裹上纱布、干净的棉片或棉球,挤上豌豆大小的牙膏,轻轻擦拭宠物的牙齿和牙龈。
- 一开始可以每次只擦一颗牙,直到清洁完所有牙齿。然后过渡到用手指给宠物刷牙,再过渡到用适合宠物嘴巴大小的软毛宠物牙刷给他们刷牙。

蒲公英油和药膏

蒲公英油可谓保护宠物皮肤的液体黄金！作为传统中药和美洲原住民常用药，它已经被使用了数千年。最近的研究表明，它能减少活性氧类（ROS）的活性并吸收有害的紫外线，可以保护皮肤不被晒伤。这款蒲公英油可以用于治疗晒伤、鼻子和脚垫干裂、肘部老茧、割伤和擦伤，也可以用于给宠物清洁耳道。你还可以把蒲公英油倒入冰盒，冷冻后作为药用冰袋使用。

产量取决于你使用了多少蒲公英花以及罐子的大小

蒲公英花冠（根据药膏罐的大小决定用量）
油（任何类型的都可以，如橄榄油、摩洛哥坚果油或者椰子油，根据药膏罐的大小决定用量）

让蒲公英花冠完全干燥，需要 24 ~ 48 小时。如果在气候潮湿的地区，可以使用脱水器。必须等它完全干燥，以避免滋生真菌。

制作蒲公英油：

1. 将花冠放入罐中，轻轻压实。加入油，没过所有的花冠，直到倒满。盖上盖子。

2. 如果你有时间，可以把罐子在阳光充足、温暖的窗台上放置 4 ~ 6 周。如果是直接暴露在阳光下，要在上面盖一个纸袋，防止紫外线的侵害。把花冠取出，就可以使用蒲公英油了。

3. 如果你时间不够，可以把罐子放在双层蒸锅的上层，低温（低于 43°C）加热 2 小时。取出花冠，冷却后密封起来（或直接使用）。

4. 如果你没有双层蒸锅，可以在长柄小炖锅底部放一个金属圈，然后把罐子放在圈上（这样罐子就不会接触到锅底）。加水到罐子一半的高度，低温（低于 43°C）加热 2 小时。取出花冠，冷却后密封起来（或直接使用）。

制作药膏：

1. 往罐子里加入半杯椰子油和 1/3 杯干蒲公英花冠。

2. 把罐子放在双层蒸锅的上层，低温（低于 43°C）加热 2 小时。

3. 取出花冠，冷却后密封起来（或直接使用）。

脚爪保护蜡

　　罗德尼生活在加拿大，那里气候寒冷，地面上的雪、冰和为了化雪而撒的盐都会损伤狗狗脆弱的爪垫。我们喜欢用这款脚爪保护蜡，因为它能起到舒缓、愈合和保护脚爪的作用，我们建议在恶劣的风雪天到来之前就给狗狗涂上，这样能帮助他们抵挡路面上的盐的侵蚀。你可以把保护蜡装在蜡烛装饰罐、马芬纸杯衬垫或梅森瓶里，再系上一个蝴蝶结，这不就是送给狗狗的最好的节日礼物吗？

以下原材料大约可以制作 168 克

28 克蜂蜡

3 汤匙椰子油

3 汤匙金盏花油

3 汤匙牛油果油

10 滴薰衣草精油

（可选项）：金盏花的花瓣

1. 在长柄小炖锅中，将蜂蜡、椰子油、金盏花油和牛油果油混合在一起，小火加热至融化。

2. 倒入容器中。

3. 加入金盏花花瓣和精油，轻轻搅拌。

4. 冷却后使用。

足浴液

　　宠物走路的时候不穿鞋，所以他们的脚爪会黏附许多环境中的残留物和污染物。我们很喜欢这款有舒缓、排毒作用的足浴液，尤其适合晚上带狗狗散步回来后使用。如果你的狗狗体型很小，可以把溶液倒入 23 厘米 ×33 厘米的烤盘中，这样就能四个脚爪一起浸泡。

以下原材料大约可以制作 950 毫升

950 毫升水

4 个有机绿茶茶包

1/4 杯泻盐

1/2 杯未过滤的有机苹果醋

1. 在炉灶上把水烧开，然后关火。

2. 加入茶包和泻盐，搅拌均匀，直到泻盐完全溶解。

3. 浸泡茶包，直至水冷却。

4. 取出茶包，加入苹果醋，搅拌均匀。

5. 把混合后的溶液倒进一个量杯中，狗狗的一只爪子伸进去后，溶液能浸到腕关节处。

6. 让溶液充分渗透到狗狗的皮毛中（如果可能的话，浸泡 30 秒）。

7. 拿出脚爪，轻轻拍干。不要冲洗。

8. 其他三只脚爪也按上述步骤操作。

宠物湿巾

　　胶体银具有强大的抗菌特性，所以许多兽医使用含银的敷料和溶液来处理各种外伤，包括烧伤、皮肤创伤和皮肤感染。胶体银不会伤害脸部皮肤，我们喜欢用它来清理狗狗的耳道和眼睛周围的污垢。这款胶体银湿巾可用于清洁狗狗的脚爪、耳道、皮毛、屁股或身体其他需要清洁的地方。

1 杯水

3 汤匙胶体银

1 汤匙无香型橄榄皂液

2 汤匙椰子油（加热至 24℃以上才能液化）

（可选项）：5 滴薰衣草精油

1 卷厚卷纸

1. 把所有液体倒入碗中或大量杯中搅拌。

2. 把卷纸中间的硬纸筒拿掉后，放进一个大玻璃罐或干净的旧湿巾盒中。

3. 将液体倒在纸巾上，充分浸湿。

4. 每次需要时撕下一张。

5. 把放纸巾的容器密封好。

致谢

这本书是整个团队付出巨大努力完成的，感谢所有人在我们创作过程中提供的帮助和支持。

碧·亚当斯（Bea Adams）是我们出色的队友，几个月来她都在不知疲倦地工作，协调移动拍照设备，拍摄大量照片。没有她，这本书就无法顺利完成。苏珊·莱克尔博士为本书的食谱提供了营养数据，史蒂夫·布朗耐心仔细地核实了每种营养价值的准确性。感谢他们三个人的全情投入，让我们多年来的梦想变成现实，亲眼看到自己设计的食谱变成了印刷品。

兽医、营养学家、心脏病学专家唐纳·雷迪提克（Donna Raditic）和劳拉·盖洛德（Laura Gaylord）主动提出帮我们审核配方和营养知识介绍，我们感到非常荣幸。这本书也得到了世界各地兽医的支持，激励我们创作出这本科学养宠指南，和大家一起探讨如何用食物治疗疾病、预防疾病。

长寿狗舒比的妈妈萨拉·麦基根（Sarah Mackeigan）每天都在精心照顾舒比，让她吃得健康、玩得开心、运动量充足。我们的母亲也在每天精心准备丰盛的菜肴，家人和 Planet Paws（萌爪行星）团队的伙伴们帮我们处理了很多杂事，让我们能够专心创作。

Inside Scoop.pet 是我们创建的一个在线社区，由雷尼·莫林（Renée Morin，我们已经共事多年）带领的优秀的管理团队负责打理。感谢家人义务提供客户服务，他们一定很爱我们。谢谢你，乔（Jo）阿姨。

感谢我们的合作伙伴萨拉·杜兰德（Sarah Durand），她帮我们校对了每一个烹饪术语。感谢利娅·卡尔森-斯塔尼斯科（Leah Carlson-Stanisic），她整理了罗德尼和碧拍摄的数千张照片，并且进行了排版设计。感谢金·威瑟斯普恩（Kim Witherspoon）、卡伦·里纳尔迪（Karen Rinaldi）和柯比·桑德迈尔（Kirby Sandemeyer）为我们提供专业指导。感谢安·贝克尔（Ann Becker），你是我们家最可靠的支柱。

感谢所有生活中的朋友和工作中的伙伴，你们对我们有着极为重要的意义。我们也要感谢你，这本书的读者，感谢全世界富有爱心的动物权益保护者们，感谢和我们有着共同目标的毛孩子的家长们：我们要坚持学习更多的知识，为毛孩子们做出更明智的选择，让他们活得更健康、更快乐。

图片来源

除了以下标明来源的照片，书中其他照片均由罗德尼·哈比卜和碧·亚当斯拍摄。

第 6 页：Dimitrios Karamitros; Shutterstock, Inc.

第 7 页：Sarah Durand McGuigan

第 17 页：Brynn Budden（Budden Designs）

第 23 页：牛油果、迷迭香、坚果、三文鱼：Epine/Shutterstock, Inc.；樱桃：Nata_Alhontess/Shutterstock, Inc.；大蒜：Sketch Master/Shutterstock, Inc.；猪肉：Bodor Tividar/Shutterstock, Inc.；蘑菇：Net Vector/Shutterstock, Inc.

第 24 页：iStock.com/Laures

第 29 页：Valeriya Bogdanovia 100/Shutterstock, Inc.

第 31 页：Soloma/Shutterstock, Inc.

第 32 页：猕猴桃：mamita/Shutterstock, Inc.；

第 33 页：菠菜：Natalya Levish/Shutterstock, Inc.；芦笋：mamita/Shutterstock, Inc.；蘑菇：Artleka_Lucky/Shutterstock, Inc.；西红柿：Olga Lobareva/Shutterstock, Inc.；胡萝卜：Vector Tradition/Shutterstock, Inc.；甜椒：logaryphmic/Shutterstock, Inc.；四季豆：Nata_Alhontess/Shutterstock, Inc.；西蓝花：bosotochka/ Shutterstock, Inc.

第 35 页：滑榆皮粉、药蜀葵根粉：Foxyliam/Shutterstock, Inc.；南瓜：Qualit Design/Shutterstock, Inc.；活性炭：Net Vector/Shutterstock, Inc.

第 55 页：yoko obata/Shutterstock, Inc.

第 58 页：Brynn Budden（Budden Designs）

第 61 页：Brynn Budden（Budden Designs）

第 66 页：macrovector/Shutterstock, Inc.

第 68 页：macrovector/Shutterstock, Inc.

第 70 页：迷迭香、丁香、姜、百里香：artnlera/Shutterstock, Inc.；细香葱：Nata_Alhontess/Shutterstock, Inc.；肉豆蔻：Nikiparonak/Shutterstock, Inc.

第 71 页：Oaurea/Shutterstock, Inc.

第 79 页：Antonov Maxim/Shutterstock, Inc.

第 80 页：mamita/Shutterstock, Inc.

第 85 页：iStock.com/Gulnar Akhmedova

第 101 页：杏仁、花生、核桃、腰果：Sketch Master/Shutterstock, Inc.；喜马拉雅苦荞、葵花籽：Spicy Truffel/Shutterstock, Inc.；香蕉：mamita/Shutterstock, Inc；椰子：Qualit Design/Shutterstock, Inc.

第 112 页：iStock.com/PeterHermesFurian

第 119 页：Rodney Habib

第 125 页：iStock.com/Gulnar Akhmedova

第 139 页：Kuku Ruza/Shutterstock, Inc.；VECTOR_X/Shutterstock, Inc.；Vector/Shutterstock, Inc.

第 145 页：Tatiana Kuklina/Shutterstock, Inc.

第 149 页：Brynn Budden（Budden Designs）

第 151 页：Brynn Budden（Budden Designs）

第 159 页：Nadzeya Sharichuk/Shutterstock, Inc.

第 162 页：鸡蛋、盐：Qualit Design/Shutterstock, Inc.；欧芹：Bodor Tirador/Shutterstock, Inc；生蚝：mamita/Shutterstock, Inc.

第 171 页：Nikolaenko Ekaterina/Shutterstock, Inc.

第 208 页：Nadezhda Nesterovia/Shutterstock, Inc.

第 211 页：iStock.com/dfli

第 241 页：甘菊：Flaffy/Shutterstock, Inc.；柠檬：Irina Vaneeva/Shutterstock, Inc.；草本植物：Katflare/Shutterstock, Inc.

第 276 ~ 277 页：宠物照片：由家人和朋友提供

图书在版编目（CIP）数据

爱犬长寿密码 / （美）卡伦·肖·贝克尔，（美）罗
德尼·哈比卜著；木木译 . -- 北京：中信出版社，
2025.1（2025.1重印）. -- ISBN 978-7-5217-6924-1

I. S829.2

中国国家版本馆 CIP 数据核字第 2024EL0647 号

THE FOREVER DOG LIFE

爱犬长寿密码

著者：　　　[美]卡伦·肖·贝克尔　[美]罗德尼·哈比卜
译者：　　　木木
出版发行：中信出版集团股份有限公司
　　　　　（北京市朝阳区东三环北路 27 号嘉铭中心　邮编　100020）
承印者：　　北京盛通印刷股份有限公司

开本：787mm×1092mm　1/16　　　印张：18.25　　字数：350 千字
版次：2025 年 1 月第 1 版　　　　印次：2025 年 1 月第 2 次印刷
京权图字：01-2024-4517　　　　　书号：ISBN 978-7-5217-6924-1
定价：132.00 元

图书策划　中信出版·双鱼座

策划编辑　李静媛　　　　　　　　责任编辑　杨佳君
营销编辑　彭博雅　　　　　　　　装帧设计　文俊 | 1204 设计工作室（北京）

出版发行　中信出版集团股份有限公司
服务热线：400-600-8099　　　　　网上订购：zxcbs.tmall.com
官方微博：weibo.com/citicpub　　　官方微信：中信出版集团
官方网站：www.press.citic